# 激荡
## 的 人生

JIDANG DE RENSHENG

**人生大学讲堂书系**
人生大学活法讲堂

拾月　主编

主　编：拾　月
副主编：王洪锋　卢丽艳
编　委：张　帅　车　坤　丁　辉
　　　　李　丹　贾宇墨

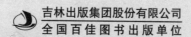

吉林出版集团股份有限公司
全国百佳图书出版单位

**图书在版编目（CIP）数据**

激荡的人生 / 拾月主编. —— 长春：吉林出版集团股份有限公司, 2016.2（2022.4重印）

（人生大学讲堂书系）

ISBN 978-7-5581-0737-5

Ⅰ. ①激⋯ Ⅱ. ①拾⋯ Ⅲ. ①成功心理 – 青少年读物 Ⅳ. ①B848.4-49

中国版本图书馆CIP数据核字（2016）第041339号

JIDANG DE RENSHENG

## 激荡的人生

| | | |
|---|---|---|
| 主　　编 | 拾　月 | |
| 副 主 编 | 王洪锋　卢丽艳 | |
| 责任编辑 | 杨亚仙 | |
| 装帧设计 | 刘美丽 | |

出　　版　吉林出版集团股份有限公司
发　　行　吉林出版集团社科图书有限公司
地　　址　吉林省长春市南关区福祉大路5788号　邮编：130118
印　　刷　鸿鹄（唐山）印务有限公司
电　　话　0431-81629712（总编办）　0431-81629729（营销中心）
抖 音 号　吉林出版集团社科图书有限公司　37009026326

开　　本　710 mm×1000 mm　1 / 16
印　　张　12
字　　数　200 千字
版　　次　2016 年 3 月第 1 版
印　　次　2022 年 4 月第 2 次印刷

书　　号　ISBN 978-7-5581-0737-5
定　　价　36.00 元

如有印装质量问题，请与市场营销中心联系调换。0431-81629729

# "人生大学讲堂书系" 总前言

昙花一现，把耀眼的美只定格在了一瞬间，无数的努力、无数的付出只为这一个宁静的夜晚；蚕蛹在无数个黑夜中默默地等待，只为了有朝一日破茧成蝶，完成生命的飞跃。人生也一样，短暂却也耀眼。

每一个生命的诞生，都如摊开一张崭新的图画。岁月的年轮在四季的脚步中增长，生命在一呼一吸间得到升华。随着时间的推移，我们渐渐成长，对人生有了更深刻的认识：人的一生原来一直都在不停地学习。学习说话、学习走路、学习知识、学习为人处世……"活到老，学到老"远不是说说那么简单。

有梦就去追，永远不会觉得累。——假若你是一棵小草，即使没有花儿的艳丽，大树的强壮，但是你却可以为大地穿上美丽的外衣。假若你是一条无名的小溪，即使没有大海的浩瀚，大江的奔腾，但是你可以汇成浩浩荡荡的江河。人生也是如此，即使你是一个不出众的人，但只要你不断学习，坚持不懈，就一定会有流光溢彩之日。邓小平曾经说过："我没有上过大学，但我一向认为，从我出生那天起，就在上着人生这所大学。它没有毕业的一天，直到去见上帝。"

人生在世，需要目标、追求与奋斗；需要尝尽苦辣酸甜；需要在失败后汲取经验。俗话说，"不经历风雨，怎能见彩虹"，人生注定要九转曲折，没有谁的一生是一帆风顺的。生命中每一个挫折的降临，都是命运驱使你重新开始的机会，让你有朝一日苦尽甘来。每个人都曾遭受过打击与嘲讽，但人生都会有收获时节，你最终还是会奏响生命的乐章，唱出自己最美妙的歌！

正所谓，"失败是成功之母"。在漫长的成长路途中，我们都会经历无数次磨炼。但是，我们不能气馁，不能向失败认输。那样的话，就等于抛弃了自己。我们应该一往无前，怀着必胜的信念，迎接成功那一刻的辉煌……

感悟人生，我们应该懂得面对，这样人生才不会失去勇气……

感悟人生，我们应该知道乐观，这样生活才不会失去希望……

感悟人生，我们应该学会智慧，这样在社会上才不会迷失……

本套"人生大学讲堂书系"分别从"人生大学活法讲堂""人生大学名人讲堂""人生大学榜样讲堂""人生大学知识讲堂"四个方面，以人生的真知灼见去诠释人生大学这个主题的寓意和内涵，让每个人都能够读完"人生的大学"，成为一名"人生大学"的优等生，使每个人都能够创造出生命中的辉煌，让人生之花耀眼绚丽地绽放！

作为新时代的青年人，终究要登上人生大学的顶峰，打造自己的一片蓝天，像雄鹰一样展翅翱翔！

# "人生大学活法讲堂"丛书前言

"世事洞明皆学问，人情练达即文章。"可见，只有洞明世事、通晓人情世故，才能做好处世的大学问，才能写好人生的大文章。特别是在我们周围，已经有不少成功的人，他们以自己取得的骄人成绩向世人证明：人在生活面前从来就不是弱者，所有人都拥有着成就大事的能力和资本。他们成功的为人处世经验，是每个追求幸福生活的有志青年可以借鉴和学习的。

幸运不会从天而降。要想拥有快乐幸福的人生，我们就要选择最适合自己的活法，活出自己与众不同的精彩。

事实上，每个人在这个世界上生存，都需要选择一种活法。选择了不同的活法，也就选择了不同的人生归宿。处事方式不当，会让人在社会上处处碰壁，举步维艰；而要想出人头地，顶天立地地活着，就要懂得适时低头，通晓人情世故。有舍有得，才能享受精彩人生。

奉行什么样的做人准则，拥有什么样的社交圈子，说话办事的能力如何……总而言之，奉行什么样的"活法"，就有着什么样的为人处世之道，这是人生的必修课。在某种程度上，这决定着一个人生活、工作、事业等诸多方面所能达到的高度。

人的一生是短暂的，匆匆几十载，有时还来不及品味就已经一去不复返了。面对如此短暂的人生，我们不禁要问：幸福是什么？狄慈根说："整个人类的幸福才是自己的幸福。"穆尼尔·纳素夫说："真正的幸福只有当你真正地认识到人生的价值时，才能体会到。"不管是众人的大幸福，还是自己渺小的个人幸福，都是我们对于理想生活的一种追求。

要想让自己获得一个幸福的人生，首先就要掌握一些必要的为人处世经验。如何为人处世，本身就是一门学问。古往今来，但凡有所成就之人，无论其成就大小，无论其地位高低，都在为人处世方面做得非常漂亮。行走于现代社会，面对激烈的竞争，面对纷繁复杂的社会关系，只有会做人，会做事，把人做得伟岸坦荡，把事做得干净漂亮，才会跨过艰难险阻，成就美好人生。

那么，在"人生大学"面前，应该掌握哪些处世经验呢？别急，在本套丛书中你就能找到答案。面对当今竞争激烈的时代，结合个人成长过程中的现状，我们特别编写了本套丛书，目的就是帮助广大读者更好地了解为人处世之道，可以运用书中的一些经验，为自己创造更幸福的生活，追求更成功的人生。

本套丛书立足于现实，包含《生命的思索》《人生的梦想》《社会的舞台》《激荡的人生》《奋斗的辉煌》《窘境的突围》《机遇的抉择》《活法的优化》《慎独的情操》《能量的动力》十本书，从十个方面入手，通过扣人心弦的故事进行深刻剖析，全面地介绍了人在社会交往、事业、家庭等各个方面所必须了解和应当具备的为人处世经验，告诉新时代的年轻朋友们什么样的"活法"是正确的，人要怎么活才能活出精彩的自己，活出幸福的人生。

作为新时代的青年人，你应该时时翻阅此书。你可以把它看作一部现代社会青年如何灵活处世的智慧之书，也可以把它看作一部青年人追求成功和幸福的必读之书。相信本套丛书会带给你一些有益的帮助，让你在为人处世中增长技能，从而获得幸福的人生！

# 第1章 激荡的人生：多彩的人生

## 第4章　名利与地位的包袱：常怀知足之心

## 第5章　金钱与美色的魅惑：一切皆成空

# 第 1 章

## 激荡的人生：多彩的人生

我们为了使生活多姿多彩，必须时刻探究自己的激情究竟在何处，找到自己生活发展的方向。那么，在将来的岁月里，你收到的最大恩惠就是——不论你的年纪有多大，你都将保持追梦的年轻心态。

# 第一节　追梦的起点

## 追梦的心态是迈入成功旅程的起点

曾经遇到过很多的人，他们都提到自己成功的经验是当初受到了梦想的激励。我们正在追寻人生的满足感，不想过得平凡而乏味，我们想要的是真正有意义的生活。于是，我们开始想要改变自己的命运，掌控自己的未来，不受任何的约束，自由地寻找我们梦想的起源。随着我们受教育水平的提高，网络科技的发达，我们的眼界也变得越来越开阔，梦想也就变得无限大，同时也就增大了实现梦想的可能性。所以，我们变得比前人更加的焦虑和不安、更加不满足。因此，我们加快了实现梦想的步伐，在机遇与挑战中承担去追梦的责任。我们不甘于从工作中获取的报酬，期待在日后的人生里能够积极地探索内心，找到自己真正想要的梦想。于是，我们决定不再墨守成规、打破束缚，全身心地投入到追梦的起点。

大多数人认为，梦想是永远无法实现的，拥有这种消极的想法使他们无法将梦想照进现实。事实上，生活中的每一个人都应该时刻审视自己的内心世界，看看里面随着岁月的流逝究竟留下了怎样踌躇的痕迹。有句话说得好，生活是面镜子，你对它笑它就笑，你对它哭它就哭，美好的生活也需要保鲜。所以，我们为了生活的多姿多彩，必须时刻探究自己的激情究竟在何处，找到自己生活发展的方向。那么，在将来的岁月里，你收到最大的恩惠就是—不论你的年纪有多大，你都将拥有保持追梦的年轻心态，这将是在未来的日子里我们迈进成功旅程的新起点。人们很容易把一切归结于命运使然，顺其自然。如果这样想的话，你就会开始对生活采取不思进取的态度，被命运玩弄于股掌之中。同样，生活也会回馈给你同等的消极待遇。仔细想想，生活中有多少事情是命中注定的，又有多少是通过人们的创新实现的呢？如果当初牛顿也将苹果成熟落地归结为顺其自然，恐怕就不会有后来影响世界的万有引力定律了，更加不会有如今探索宇宙的科学实践梦想了。由此可见，我们每一个人的生命都是从一张白纸开始，然后经历了岁月和阅历的磨炼书写出剧本。人生如戏，戏如人生，人生的每一天都是在现场直播，人生没有彩排。那么，追梦对我们来说究竟意味着什么呢？人们常说：好运是准备和机会的结合。我认为实现梦想的最大元素是激情和准备的结合。

## 追梦赋予我们决心，促使我们获得成功

就像追梦人玛利亚·格拉齐瓦格乐，她在 34 岁的时候就已经成为伦敦远近闻名、最受欢迎的时装设计师了，她设计的服装

深受英国演艺界人士的青睐。

　　服装设计一直都是她追求的梦想，并全身心地投入其中。8岁的时候，开始勾勒和制作目录；12岁的时候，自学裁缝；14岁的时候，开始剪裁衣服样品，并同时为朋友设计衣服。为了增强自己的创造力，参加服装设计院校，白天到伦敦历史上最悠久的化学、香水制造厂—圣·詹姆士的哈里商店工作。为了赚取服装公司的本钱，曾通过了参加股票交易考试的资格，长达6个月的学习，为以后积累了丰富的财经知识。后来，她和同学一起创办了一家小型的、专门满足客户不同需求的公司。所有启动资金，均是从8岁起勤俭节约省下来的零用钱，不幸的是，最后公司因经营不善而倒闭了。在追梦的路上，每个人都不是一帆风顺的，我们需要经过挫折和时间的洗礼来沉淀自己，努力寻找最初的自己。1991年1月，玛利亚·格拉齐瓦格乐以她自己的名字创办了一家小型公司，销售专门针对年轻人的最新款、最嬉皮的服装。1995年，自己出资筹办了在伦敦时装周上的第一场时装秀。令人深刻的是，她的一生都坚定地朝着自己的梦想前进，同时也成就了自己，成就了事业。


　　可见，成功者大多有"碰壁"的经历，但坚定的追梦理想使他们能够通过搜寻薄弱的环节或者是总结经验教训而更有效地谋取成功。玛利亚·格拉齐瓦格乐曾回忆说："我们要对自己所做的事情充满激情，同时也希望每一个人都能够感受到这一点。对于我所从事的工作，我总是情不自禁地感到十分兴奋。"虽然经过了一些波折，但是，玛利亚·格拉齐瓦格乐还是实现了当初从8岁起就追寻的美梦。在追梦的旅途中，我们也可以通过自己的努力、决心、激情和才智来获取成功的馈赠。你的人生掌握在自己的手中，或者说藏在你的心中，我们要做的就是从风雨中唤起内心真正的最初的梦想，从熟悉经典中翻写新篇。梦想是个诺言，记在心上，写在来时的路上。激情使我们变得更加的强大和勇敢，支撑我们走过艰难的旅程。它使我们的牺牲和痛苦变得有了意义，让我们不再自怨自艾，而是启发我们坚持不懈地努力，直到取得最终的胜利。也许在生活中，也有某些时刻、某些事件调动了你的激情，最终促使你采取行动。这样做的最大益处在于，在踏上梦想的道路上你会遇到和你志同道合之士并与之建立起亲密的联系。不要等待激情豪迈的生活降临在你的身上，心动不如行动，所以从现在开始为了迎接梦想到来的那一天努力行动起来吧！当我们认清自己，找出优点，坚持做自己，能发挥与众不同的特质的时候，就可以找到自己人生的最佳守备位置，找到自己追求的梦想。

梦想是明媚的阳光，它让人们由急躁走向稳重，由困惑走向坚定，并走向成功。梦想是有能量的，它是人生向前的动力之源；崇高的梦想能够激发一个人的所有潜能。梦想是从不放弃、努力拼搏的精神支柱，是坚守心中永远不服输的信念，只要你肯上进，就一定能够获得成功。上帝虽然没有给予我们翅膀，却赋予了我们一颗会飞的心，一个拥有梦想的大脑。所以我们每一个人都拥有一双"隐形的翅膀"—梦想。梦想为生命插上了一双无形的翅膀，只有梦想的力量才能升华我们的生命，摆脱平凡和低俗，战胜人性的弱点，变得优秀和杰出。人生因拥有梦想而振翅高飞，人性因拥有梦想而变得伟大。

拥有梦想的人是幸福的人。希望每一个人都能在童年、青年、成年等人生的不同阶段拥有自己的梦想，不管这个梦想是什么，有多大，是否能实现。因为有梦想就会有希望，有梦想就会有未来！梦想是人类最神奇的力量。如果你相信明天会更好，那么就不要计较今天的痛苦与得失。即使是铜墙铁壁，也不能阻挡伟大追梦者前进的脚步。人生有了梦想，就有了去拼搏、去爱的一切理由，去收获一切应该获得的美好。

# 第二节　当遭遇人生低谷

## 不要被挫败感打倒

英雄可以被打倒，但不能被击败；英雄的肉体可以被毁灭，但是英雄的精神和斗志永远是在战斗。成功者与失败者之间最重要的差别就在于：失败者总把人生的一次低谷当作是失败，从而动摇了对胜利的决心和信念；成功者则是不言失败，在逆境面前越挫越勇。所以说，当人生遭遇低谷期的时候，不要过早地判断成功与失败，我们不是失败了，只是暂时还没有成功。一个遭遇人生低谷的人，如果继续努力，准备再接再厉，那么他今天的失败就是明天的成功。相反，如果他从此失去了战斗的勇气与获取成功的信心，那才真是失败了。

有些人总是把眼光局限于低谷时期的挫败感上，这样他就很难再抽出时间仔细思考自己下一步该如何解决问题，最后获得成功。就像有位拳击运动员说的那样："当你的左眼被打伤时，右眼还得睁得大大的，这样才能看得清敌人，才有机会出拳还击。与此相反的是，如果当时右眼也同时闭上，不但右眼也要挨拳，恐怕还会有生命危险！"拳击就是这样，不但要面对实力强大的对手，而且还要在受伤的时候将眼睛睁得大大的，如果不这样做，一定会付出比失败更加惨烈的代价。拳击尚且如此，更何况是人生呢？

大哲学家尼采曾经说过这样的话："受苦的人，没有悲伤的权利。"境遇已经很凄惨了，为什么还要残忍地剥夺感受悲观的权利呢？主要是因为受挫折的人，必须要克服面前的种种困难，才可能停止悲伤和哭泣，所以，人在面对人生低谷的时候，不但不能够悲观，反而要更加积极和乐观。生活中常常遇到跑步锻炼身体的人，常听说"跑不动了，休息一会儿喘口气"这样的人，多数在锻炼之后，身体会异常疲惫。因为在他决定放弃的那一刻开始，他的身体机能和体温会骤然下降，严重时会危及自己的生命。如在人生的旅途中，在面对人生低谷的时候，如果失去了跌倒后爬起来的勇气，那才是真正的人生挫败。

# 从哪里跌倒就从哪里爬起来

美国著名电台广播员莎莉·拉菲尔在30多年的职业生涯中曾被辞退过18次，可是她在每次被辞退之后都会重新树立更大的目标。

究其原因主要是当时的美国大部分的无线电台普遍认为女性广播员不能够吸引观众，导致没有一家电台愿意雇佣她。不久之后，她终于在纽约一家电台谋求到了一份差事，但好景不长，再次遭到了辞退，理由是跟不上时代。但是莎莉并没有因此而灰心丧气，她总结了失败的经验教训后，继续向国家广播电视台推销自己的节目构想。电视台的领导勉强答应了她，却提出要她在政治台主持节目。

她曾一度犹豫过，因为她对政治方面的涉猎不多，恐怕很难成功，但她凭借着坚定的信念利用自己的长处和平易近人的态度，大谈即将到来的国庆节对自己的意义，还邀请观众打来热线电话畅谈他们的感受。观众立刻对这种新型的节目形式产生了兴趣，她也一举成名了。

如今的莎莉·拉菲尔已经成为自办电视台的节目主持人，还获得了两项重要的主持人奖项。

她说出了自己的感受："我被人辞退过18次，本来可能被这些厄运吓退，做不成我想做的事情。结果相反，我让他们鞭策我勇往直前。"

所以，在人生漫长的道路上，从哪里跌倒就从哪里爬起，千万不要失去再次爬起来的勇气，无论面对多少磨难，都不要输掉自己敢于挑战的信念。

当你已经失败了 100 次，你同样可以用 101 次的姿态重新站起来，把苦涩的泪水留在昨天，用微笑挽留今天，用不屈不挠的毅力和信念赢得未来。在很多时候，击败我们的不是别人，而是对自己失去了信心的自己，熄灭了心中的希望之火。即使是微乎其微的希望，我们也要做好十二万分的准备，营造星星之火可以燎原的态势。即使我们身处逆境，也要在内心深处，点燃追求未来美好生活的火种。无论我们今后想成为什么样类型的人才，过上何种富足的生活，希冀着自己度过何种人生，在面对低谷的时期，我们都要脚踏实地一步一步地朝着梦想迈进，直到最初的美梦成真。

1984 年，迈克尔·戴尔、凯文·罗斯林和鲍勃·伊诺斯这 3 个美国青年被德克萨斯州立大学开除。由于家境贫寒，这 3 个美国青年经常被人瞧不起，生活在被歧视的阴影中使得他们害怕学习，而且他们经常被老师说到成绩不好的事。于是他们决定组成逃学联盟，整天四处游荡。终于，学校决定开除他们。这使得三人感到前途一片黑暗，与此同时也幻想着能够拥有一大笔钱，那时候就可以住上漂亮宽敞的大房子，坐上高档的轿车，还可以向其他同学的父母那样为学校捐款。那样，老师和同学就不会再瞧不起他们了。就在他们胡编乱想之际，迈克尔·戴尔从他的电脑中调出了自己设计模拟的成功记录给凯文·罗斯林和鲍勃·伊诺斯看。

迈克尔·戴尔问道："现在，你们想将自己漂亮的别墅和轿车安置在什么地方呢？"凯文罗斯林抢着说自己希望住在佛罗里达，他希望和富翁们聚在一起，而那里是富翁的聚集地，可以随意举行长时间的聚会。鲍勃·伊诺斯则说自己期望住在拉斯维加斯，因为那里景色宜人，还有大量的豪华商场，所需之物应有尽有，可以随他任意选购。很快，他们都黯然伤神了。

迈克尔·戴尔认真地看着两人说："美好的一切，我们不是已经看到了吗？现在我们需要做的只是将他们从电脑中取出来，放到现实中去，比如我们喜欢的佛罗里达和拉斯维加斯。"于是，他们经过一夜的策划，决定第二天一起去街上卖报纸。

不久，他们用卖报纸赚得的1000美元开了一家小店，这就是后来的戴尔公司。在3个美国青年共同的努力下，经过20多年的打拼，不但实现了当初的梦想，还将戴尔公司发展成为拥有250亿美元资产的大公司。

人生是一场漫长的旅行，在前进道路中充满了起起伏伏，面对低谷，我们应隐藏泪水，微笑面对。生命中也有许多不得不对别人低头的时候，但重要的是，你要永远相信自己，不要对自己低头。生活里有诸多的不如意，有的人以乞讨为生，有的人却出人头地，这绝不是命运的巧妙安排，关键在于个人的努力程度。有的人屈服于命运，自卑于命运，并企图以此博取他人的同情，这样做的后果只能是将自己永远置身于悲鸣的哀号中，不会有站起来的那一天。而有的人，坦然地接受自己的一切悲与喜，不向命运低头，更不向自己低头，努力拼搏，为自己开创美好的未来。

# 第三节　危机亦是转机

## 机会就在危机的后面

危机常出没在我们的生活中，但是巧度危机的智慧却并不常在。一个成功的人总是善于应对各种危机，化险为夷，常在危机中寻找转机，寻求商机，创造财富，做到真正的趁"危"夺"机"。

古今中外，将危机变转机的能人义士的成功案例不胜枚举。

相传在南宋绍兴十年期月的一天，杭州城最繁华的街市突然失火，并且火势异常凶猛，迅速地蔓延到了各个商铺。这条大街中数以千计的商铺顿时葬身在一片火海中，化为废墟。其中，有一位姓裴的富商，苦心经营大半生的几间商铺和珠宝店也在这条街市中，看着迅猛的火势，他大半生的心血必将付诸东流，但他并没有让仆人冲进火海抢救自己的稀有珍宝，而是迅速地撤离了现场，一副满不在乎的样子。众人一时之间甚是不解。

之后不久，他就不动声色地派人从长江沿岸以平价收购了大批的木材、毛竹、砖瓦、泥土等建筑材料。当这些材料像小山一样堆积起来后，裴富商就又优哉游哉地整日品茗饮酒，逍遥自在，一副好像什么都不曾发生过的样子。大火烧了数十日之久，曾经繁花似锦的杭州城，俨然成了战争残垣后的废墟。朝廷这时下旨重建杭州，颁布凡销售经营建筑材料者一律免税的命令。于是，整个杭州城开始大兴土木，建筑用材供不应求。裴富商让人趁机销售建材，获取了巨额利润，甚至超过了葬身于火海中的财产。

"机会就在危机的后面，危机是幸运的伪装"，这不仅是宽慰人心的话语，也是蕴藏智慧的人生哲理。趁"危"夺"机"的大胆之举的确是迎接成功和财富的转机。

人生在世，都希望事事顺利，心想事成。然而很多事都事与愿违，危机和挑战经常会降临在我们的身上。新生儿从呱呱坠地那一刻起，即一切危机的开始，在接下来的生理成长、社交情谊、聚欢离别等等过程中也都处处存在着危机。所谓的危机，其实包含着两个方面——危险和机遇。只是有的时候，我们大多数人太过执着于眼前的危险，忽略了身后的机遇。危险和机遇原本没有明显的界定，他们会给予怎样的结果给我们，完全要倚靠当事人的魄力手腕和智慧的头脑。在危机中自怨自艾，那是"傻瓜"才会做的事情。既然危机已经成为事实，是既定的存在，就不要叹息和沮丧了，我们所要做的就是用心去捕捉危机中蕴藏的转机，从而走向另一个新的开始，走向美好的未来。

# 在危机中看到机遇

**没有人愿意遇到危机，但危机总是与我们不期而遇。**

百事可乐公司曾经遭遇"针头事件"。喝可乐竟然喝出了针头，这几乎是不可能发生的，也是百事可乐预想不到的。这次事件对百事可乐公司无疑是一场打击，如若处理不好将会直接影响到公司的信誉和市场的占有率。面对竞争如此激烈的碳酸饮料市场，不得不佩服该公司决策者的智慧和办事手段。在危机面前，百事可乐公司主动通过媒体向消费者道歉，并给予受害者一大笔的补偿费用，而且还对外宣布：谁若在百事可乐中再发现类似的问题，必有重赏。这一举措，将不利事件转向了对自己有利的一面，既缓解了矛盾，消除了消费者的疑虑，刺激了消费者的好奇心。可以说，百事可乐因为这次的事件因祸得福，不仅没有使销量下降，反而使得购买百事可乐的消费者数量骤增。

可见，无论是企业还是个人，变"危"为"机"都是一种不可或缺的能力和手段，只有具备了这种能力，才能让自己在危机中不至于处于被动挨打的境地。如果你能够很好地利用危机的话，那么危机必将成为你成功获益的最大盟友。在这一过程中，你需要有明确的目标，并且随时准备冒险去实现它。在别人还处于四面楚歌和行为混乱中时，你需要看着危机的发展，了解事件始末和发展趋势，及时地做出判断和获取最大利益的解决对策。在寻找突破口的过程中，恭喜你，你正逐渐形成领导者或成功者的气质。人们身处危机中，会觉得措手不及、无能为力，变得莫名焦虑，担心失去工作、尊重、爱情或者婚姻等等，更害怕别人注意到自己的无能，害怕失去自己在他人心目中树立的良好形象。殊不知，此时正是你"出人头地"的机会，在面临低潮期的时候，也正是你在危难中呈现自己最佳状态的最好时机。

　　我们的生活时时刻刻都发生着改变，只有循序渐进地做些小的调整，才能在大体上有效地应对生活中突如其来的变故。但是，生活中偶尔也会出现一些我们无法处理的重大变故：比如被炒鱿鱼、关系破裂、身患重病、穷困潦倒等。可是，即便没有剧烈的动荡，在日常生活中逐步积累起来的变化，也会带来严重的挑战。危机已经在这一瞬间降临到你的生活中，正日益增加诸项挑战迫使你的生活发生一场翻天覆地的革命。如果这场革命没有发生，那么你的生活就会被阻断，特别是你会和身边的机会就此擦肩而过。那么，你将长期困顿在危机之中。危机亦是转机，当你能够从危机中看到其中包含的机遇，学会变换角度的思考方式和付诸实践的行动力，往往会有出乎意料的惊喜等待着你。

# 第四节　人生最险得意时

贪图安逸、享乐的想法，会使人们在成功的顶峰面前停滞不前。

## 满招损，谦受益

居住在海边的渔民们有一种常见的捕捉章鱼的方法：在章鱼繁殖的夏季，他们将喝剩下的空可乐瓶串在一起连成网，撒到海里面去，几天之后，到海里将网收起来，便可在每一个空可乐瓶里捉出一条章鱼来。你可能会对这种做法感到奇怪，实际上，渔民恰恰是利用了章鱼贪图安逸，找到一个落脚的地方就留下来不走的特点而想到的这种一劳永逸的办法。

人有的时候又何尝不是呢？现实生活中，人们常常贪恋成功喜悦后带来的那种随遇而安的满足感，忘却了曾经要努力奋斗的初衷。

生活中这样的例子比比皆是：有一些人在上高中的时候为了考上自己心仪的大学废寝忘食地努力学习，可等到梦想实现后，就陶醉在高等学院优越的环境中沾沾自喜、裹足不前了，甚至迷失了努力的方向；有一些人在拿到某个高等的学位证书后，便自认为可以高枕无忧了，凭借这样高学历的"资本"就会永远保住"饭碗"，在工作中也不思进取、得过且过；还有一些人则是在舒适安逸的环境中，好吃懒做，真正印证了那句俗语："越待越懒，越吃越馋"。如此种种，说的都是沉浸在成功喜悦里的自鸣得意，不思进取的常见案例，都是有害而无利的。

生活中的多数人并不是没有成功过，只是他们并没有体会到真正的成功。对青少年来说，自鸣得意是一种浅薄的心理，其特征就是自以为是、沾沾自喜。当自鸣得意占据我们心灵的时候，我们往往身处险峰却高视阔步，只觉得天高气爽、景色宜人，却不见谷底的万丈深渊，从而失去理智，沦为失败者。中国有一句古训是"满招损，谦受益"，我们必须学会谦虚，这样才能够不断进步，有效避免各类风险。谦虚不仅对一般人受用，对于身处高位的人也同样受用，因为谦虚是一种低调的姿态。但凡有作为的人，常以谦逊的心来培养自己的美德和指引人生方向。《易经·谦卦》中"谦尊而光"，指的是尊者有谦卑的美德，更让人觉得光明盛大，说的就是这个意思。人在身居高处时，更加需要适时地放低姿态，学会低头。其实，识时务的低头并不是消极的表现，从另一个角度来说也是一种变相的积极向上，有些时候这种低头的低姿态可以防患于未然，成就另一个卓越不群的自己。

# 人生得意须恭谦

京剧大师梅兰芳先生，就是一名谦谦君子。他不仅在京剧艺术上有很深的造诣，在绘画方面也才华横溢。他在拜名家齐白石先生为师的时候，已经是一位声名远播的京剧大师了，却从不因为自己的名声而骄傲自大，总是以弟子礼仪为齐白石先生磨墨铺纸。有一次，齐白石同梅兰芳一同到一家做客，齐白石先生先到了。他穿着朴素，与其他人西装革履或长袍马褂的光鲜外表比起来不免显得有些寒酸，所以被冷落在了角落。不一会儿，梅兰芳到了，主人出门迎接，其他宾客也蜂拥而至。梅兰芳环顾四周，看到了被冷落在角落里的老师，这时，他让开其他宾客纷纷伸出来的手，走向齐白石先生，恭敬地叫了一声"老师"。齐白石先生深受感动，几天后特向梅兰芳馈赠了《雪中送炭图》并题诗道："记得前朝享太平，布衣尊贵动公卿。如今沦落长安市，幸有梅郎识姓名。"

梅兰芳不仅拜名家为师，也拜普通人为师。曾经因出演《杀惜》时，听到台下观众说到一声"不好"，他演出结束后来不及卸妆就跑去向这位老人请教。后来梅兰芳经常请这位老人前来看戏，请他指正，并尊称他为"老师"。

**所以说，不要以为暂时的身居高处就达到了人生的至高点，你要知**

道，一时的高处并不能代表什么，成功反而更加青睐于低姿态的人。一般来说，人们在事业上取得成功或是取得小胜利的时候，保持谦虚低调的姿态还是比较容易的，但是当一个人在取得较大成就或是较大胜利的时候，还继续保持着谦虚的姿态就不那么容易了。成就和胜利本来是好事，是值得庆祝和鼓励的事情，但当我们不能清醒地看到在胜利的喜悦中暗藏着的诸多骄傲的暗礁，还继续沉浸在胜利的喜悦中，它往往会把前进的船只撞得面目全非。成功者要在胜利的时候仍需要保持谦虚谨慎的态度，这是明智的选择，也是我们通向胜利彼岸和立于不败之地的重要保证。一个真正懂得低调的人，必是一个谦虚的人，这样的人终将会有一番大的作为。谦虚不是有意识地去贬低自己，也不是虚伪的应付，而是基于自己内心深刻的认识，发自内心的警醒。我们每个人的一生都是一个大舞台，不论你出身高贵或贫贱，工作优秀或平庸，这些都不是你成为一名成功人士的阻碍。当批评、嘲笑的语言像石头一样劈头盖脸地砸来的时候，我们应当放低姿态。只有不自满，才能经常保持一种近乎不足的状态，这样才能获得更多的益处，才能爬上另一座成功的山峰。一个谦虚的人，勇于低头向人请教，那么不论是在学习、工作还是在生活中，他都能获益良多。与此同时，因为他的谦恭，也会更加容易获得他人的好感，进而增加自己学习、上进的机会，掌握更多的技巧，谱写更加完美的人生。

即使身处顺境，我们也要格外谨慎，不然容易乐极生悲。人在得意的时候最容易忘形，这时邪念和恶行就会趁隙而入；人在失败的时候最易失落，这时消极和绝望就会乘虚而入。我们需要以一颗平常心笑看人生的大起大落，坚守住自己的心。不要被暂时的得失冲昏头脑，一味陶醉于短暂的胜利。必须要未雨绸缪，千万不要得意忘形，沾沾自喜。沉迷于胜利，就意味着停滞不前、失去警惕。人生路上要永不放松，成功只是一个小小的路标而已。要想取得更大的成功，只有努力，努力，再努力才行。千万不要为暂时的得失所迷惑，要做笑到最后的人。

# 第五节　规划出理想清单

## 为自己的理想去努力

我们每一个人从诞生的那一刻起，便被这个世界赋予了一个严肃且深远的话题—人生。伟大的哲学家苏格拉底曾说过，人生是一次无法复制的选择。要想使这一生唯一的一次选择多一些精彩，少一些遗憾，我们需要懂得获取成功的智慧，尽量少走一些弯路，少受一点儿挫折。人生对每一个人而言都是一场永远无法正式彩排的演出，我们既不能将它们与我们以前的生活相比较，也不能使其再完整地回来。因为过去的回不来，回来的已不再完美。一个人要想获得成功，就必须多一点精神，多一点追求。所以，在成功之前，我们要树立明确的理想与目标。理想是灯，它能照亮我们前进的路，鼓舞我们更好地奋进，直至成功。

克雷洛夫曾说过："现实是此岸，理想是彼岸，中间隔着湍急的河流，行动是架在川上的桥梁。"这句话告诉我们，有理想是一件好事，但是还需要落实到行动中去。假如理想是一粒种子，那么这颗种子在生长的过程中，就需要用汗水去浇灌，用行动去耕耘，如此这般才能呈现出神奇的效果。

曾经有两个年轻人，一同去求助一位老人，他们的问题相似，皆可总结为："我有许多远大的理想和抱负，却不知道要如何实现它。"那位老人只是给了他们每人一粒种子，告诫他们这是一颗神奇的种子，要妥善保管才能实现自己的理想。几年之后，老人遇到了这两位年轻人，询问种子的情况。第一个年轻人，谨慎地拿着锦盒，缓慢地掀开里面的棉布，对老人说："种子被我收藏在锦盒中，时刻妥善保管着。"

第二个年轻人汗流浃背地指着那座山丘："看，我把这棵神奇的种子埋在泥土里施肥浇水，现在整座山丘都长满了果实。"

老人慈爱地说："我给你们的并不是什么神奇的种子，只要你守着它就永远都不会有果实，只有用汗水浇灌，才能有丰硕的成果。"

记得有人说，人因为有梦想而伟大，也因为有了梦想而变得不平凡。所以，我们同样可以得出结论，生命因有了理想而伟大，生活因为有了实践而变得不凡。有了理想可以让你产生伟大的抱负，有了实践可以让你变得卓尔不凡。请相信，再好的种子，如果没有肥沃的土壤，不经历灌溉耕耘，不用爱心培养，再完美的环境也呈现不出神奇的效果。所以，要实现理想必须付出你的实际行动，这样才会有助于你迈出正确的一步，从而让生命坚实地成长起来。

人生就像一条船，世界好像大海。我们自身就像是驾船的舵手，随着历史的倾斜与时代的选择而变化着走向。

人生就像是一条小溪，历史就像融合了许多许多水流的大江，你无法离开大江，却又发现大江中布满了礁石，江面上或许有狂风，江水流着流着就会出现急剧的转弯、下降和攀升，以及歧路和迷宫。

人生就像是一条长路，就在它快要结束的时候你又发现它其实是那么短暂，你还不明所以时就被抛弃在了路上。你不可能迅速停下来，于是你步履蹒跚地走着，你渴望走上坦途，走进乐园，拥有快乐、成功、幸福或者至少是平安的驿站。

每个人都是自己人生的导演，我们都想成为自己人生中的主角，人的财富有贫富之差，人的寿命有长短之别，人的体格有强弱之异一样，正是因为这许多的不同，才有了更多的可能和机会，让我们去为理想而努力。

# 规划出人生的基本航线

人比人气死人，人的一生痛苦也好，悲伤也罢，只要还活着，就有希望。这一秒钟不失望，下一秒钟就会有希望。谁不希望自己的人生之路能够平坦些，顺利些呢？谁不愿意将人生命运之舵掌握在自己的手中呢？有些时候你可能又会觉得人生像是一个摸彩的游戏，其他人常常是幸运者，他们摸到了天生超常的禀赋和资质、优越的家庭背景、天上掉下来的机遇以及来自四面八方的援助之手，而你却只是摸到了才质平庸或怀才不遇、众人的冷嘲热讽、不被理解的冤屈和打击，甚至是阴谋般的陷害。

即便人生旅途中充满了如此多的不如意，我们依然可以抱一点希望、一点意愿，生活得更明朗一些。今后的人生无论成就大小，顺境还是逆境，都能够生活得更加坦然、更加清爽、更加光明、更加健康，也更加快乐一点，人生知足常乐，一点点足矣。为了更加满足的人生，就应该好好的规划。在人生的海岸线上前行没有正确的航线怎么行呢？好的人生规划就是人生的基本航线，有了航线，我们就不会偏离目标，也不会失去方向，这样才能更加顺利、快速驶向成功的彼岸。在拥有了梦想之后，我们的一切行动都要有计划按部就班地进行下去。

我们的人生需要规划，正如财产需要打理一样。不懂得"磨刀不误砍柴工"的道理，就不会明白规划的意义。好的人生离不开好的规划，成功的人生离不开成功的规划以及在正确规划指导下的持续奋斗，这样才能收获成功的果实。茫茫人海中，多数人度过的一生大都是无意义、无目标的，没有规划的人生。我们只是日复一日、年复一年的虚度光阴，除了在一天一天中老去之外，别的什么变化也没有。我们都在自己建造的牢房内焦躁、迷茫。人生的失败者在一生中从未达到过真正的自我解放，也从未做过给自己以人身自由的决断。即便在自由的社会里，我们也不敢决定自己的人生将如何度过。我们去工作是为了看看世界上每天都在上演着怎样的事情，我们宝贵的时间和精力，全部都浪费在观看别人如何规划人生道路、实现自己的目标上了。

曾经有两位瓦工，在烈日炎炎下辛苦地建筑一堵墙，一位走过的行人问他们："你们在干什么？""我们在砌砖。"其中一位瓦工答道。"我们在建造一座美丽的剧院。"他的同伴回答。之后的未来里，将自己的工作视为砌砖的瓦工做了一辈子的砌砖工，而他的同伴则成了一名颇具实力的建筑师，设计并建造了许多美丽的剧院。为什么同样是瓦工，他们之后的人生成就竟会差别如此之大呢？其实，当我们从他们两个人截然不同的回答中，就已经可以看到他们之间不同的人生态度了。

前者仅仅是把工作当工作而已，后者则是把工作视为一种艺术的创造；前者在瓦工的工作中只知道把砖块垒砌到墙上去，后者则是心怀一个美丽的梦想建造一座美丽的剧院。两个人在做相同的工作，一个没有目标，只是麻木工作，另一个目标明确，这就是造成两个人之后人生成就不同、命运迥异的最根本原因。

# 知行合一地去实行

有了规划，就一定会有完美的成功人生了吗？也不一定。成功人生管理的进行曲中还有一步——知行合一，持之以恒的实施人生规划，才能创造真正属于你的成功人生。

人生中最大的悲哀不是你赚的钱比别人少，而是做了一辈子自己不喜欢的工作。人生最大的失败莫过于忙碌到死还一事无成，而且后人还看不到希望。没有规划的人生，就像是没有目标和计划的航行，燃料用完了，就陷在了太平洋里无力地喊着救命的口号。花谢了还有花开日，人死了还有谁能够死后复生重新来过？有生之年活不出个人样来，最对不起的还是每天忙忙碌碌的自己。人生规划要从自我认识开始，必须要了解你自己真正的想法和愿望。要认真、实事求是地去分析，自己的兴趣爱好和厌恶之物到底是什么，明确目的，找到自己想要的，对自己有着重要价值和引导意义的东西。

任何人都不是孤立存在于这个世界上的，而是生存在现实环境和社会关系中的。个人的成功、幸福都与这些客观条件息息相关，成功的人生往往都是领先或同步于当下社会发展的大潮。个人的人生价值和意义，往往放在广阔真实的社会背景下，才能显示出意义的真谛。

对正常人来讲，成功人生还必须要考虑一下家庭对自己的影响。特别是家庭观念重的中国家庭，家人对人生成功有十分重要的意义。对于成为什么样的人，我们应该有一个明确的定位。人生定位是人生发展规划的重要一步，它能帮助我们确认自己的理想和目标。就像有的人的偶像是歌德、曹操、莎士比亚、拿破仑、孔子等。这些人的身上，必定是集中了我们想要实现和达到人生目标所需的人格特点。

那接下来我们是不是该想一下要通过何种方式或途径才能取得成功呢？这是人生策略规划，也是人生规划中的一个重要环节。就像三国时期的诸葛亮，长期躬耕垄亩，结交挚友，借助师友和自我宣传传播自己，以便声名远播，择良主而侍。其中"淡泊以明志，宁静以致远"就高度概括了诸葛亮成功的人生策略。除了有策略规划外，我们还有战略规划，将人生的大策略和大方向分解成不同发展阶段的阶段性目标，并且制定出具体的实现目标的措施，这样一来，整个人生规划才能初步完成。

另外，我们还需要制定详尽的年度奋斗计划。总的来说，就是在不同的时期，需要实现的阶段性目标不同，实现目标的措施也不同。我们应该尽可能将不同性质和类别的目标清晰化，分成技能学习目标、生活目标、职业目标、感情目标、文化修养目标等等，目标越清晰详尽越好，对目标界定得越明确越好。

做到以上这些，你才有机会驾驶着你的人生小船，开始进行一次明朗的航行，让光明和智慧，永远陪伴着你的生活。

# 第 2 章

## 成功与失败的距离：苦尽甘来

失败只是说明我们暂时还没有成功，生活中最令人感动的莫过于坚持。在你遇到了困难，而且还是特别难解决的问题的时候，你可能会感到万分头痛。这个时候，有一个永远适用的基本原则—永远不放弃。

# 第一节　成功与失败一步之遥

## 失败是成功的捷径

对成功人士的最大误解就是，他们获得成功好像并不需要经历任何痛苦、失败或者是失望。其实，与我们所认识到的事实恰恰相反，透过他们事业成功的表面，你就会发现他们都经历过不止一次的挫折。

理查德·布朗森爵士是英国维珍公司的老板，也是英国最著名的成功商人之一。他曾经这样解释自己的成功："我只不过比大多数人失败了更多次而已。"在另一个场合，他说道："失败是培养领袖的最好方法。"所以说，成功是一个美丽而性格古怪的天使，她总是悄无声息地来到你身边，有时你甚至还未察觉，此时成功也就在一步之外了。

有些人之所以失败，是因为他们常常大意，他们的大意使得他们的眼睛浑浊而呆板，成功一次次从他们的面前溜走却浑然不觉。成功的人之所以能够成功，是因为他们抓住了成功的尾巴，在生活中处处留心，当他们练就了一双捕捉机会的慧眼，而机遇又来临时，他们能迅速地做出反应，从失败的此岸登上成功的彼岸。这个过程就是在你坚持不懈的努力中，找到成功突破口的有利捷径。

从失败中汲取教训，是缩小成功与失败之间距离的最直接手段。当我们观察成功人士时，会发现他们的背景各不相同，但他们都是经历过了艰难困苦的阶段才走向成功的。我们把"失败先生"拿来和"平凡先生"以及"成功先生"相比，你会发现他们除了在背景、年龄、能力、国籍以及任何一个方面都有可能相同，但是面对失败后的反应却大大不同。

"失败先生"跌倒后就再也没有爬起来过，他只是躺在地上骂个没完没了，抱怨命运的不公平。"平凡先生"只会跪在地上，准备伺机逃跑，以免再受到这样的打击。而"成功先生"的反应和他们截然不同。他被打倒时，会立即反弹起来准备继续向前冲，同时也在吸取这个宝贵的经验。

其实，失败之后就是成功，我们很多人一直在失败，只是在失败后没有继续努力奋斗。总的来说，成功就是一连串的奋斗，永不放弃。

## 永远不放弃

失败只是说明我们暂时还没有成功，生活中最令人感动的莫过于坚持。在你遇到了困难，而且还是特别难解决的问题的时候，你可能会感到万分头痛。这个时候，有一个永远适用的基本原则—永远不放弃。

丘吉尔一生当中最精彩的演讲就是他最后一次演讲。那是在剑桥大学的一次毕业典礼上，整个会堂坐满了上万名学生，他们静静地等待丘吉尔的出现。几分钟后，丘吉尔在随从的陪同下走进了会场，并慢慢地来到讲台。他脱下自己的大衣后交给随从，随后又摘下了帽子，默默地注视着台下所有精神奕奕的年轻听众。大概过了一分钟左右，丘吉尔说了这样的一句话："成功只有三条法则：第一条是永远不放弃；第二条是永远、永远不放弃；第三条是永远、永远、永远不放弃！"说完后，丘吉尔穿上了大衣，戴上帽子准备离开会场。这时整个会场鸦雀无声，不久之后，便是掌声雷动的场面。

**法国博物学家布封曾经说过："天才就是长期的坚持不懈。"**我国著名的数学家华罗庚也曾说："做学问，做研究工作，必须持之以恒。"我们无论做什么事，要想取得成功，坚持不懈的毅力和持之以恒的精神都是必不可少的。

在希腊发生了这样一则小故事。在开学的第一天，大哲学家苏格拉底对学生们说："咱们只学习一件最容易同时也是最简单易做的事。现在每个人都把胳膊尽量往前甩。"说着，苏格拉底就示范了一遍，"从今天开始，每天要做 300 下，大家都能做到吗？"学生们都笑了，这么简单的事情，有什么做不到的！时间过得很快，眨眼间过了一个月，苏格拉底问学生："向前甩手300 下，都有哪些同学坚持了？"有 90% 的同学骄傲地举起了手。之后又过了一个月，苏格拉底又问，这回，能够坚持下来的学生只剩下了八成。一年后，苏格拉底再一次问大家："请你们告诉我，最简单的甩手运动，还剩下几位同学在坚持了？"这时，整个教室里，只有一个人举起了手。而这位学生就是后来成为古希腊另一位伟大哲学家的柏拉图。

在现实生活中，我们经常羡慕别人取得的辉煌成就，却往往缺少取得成就所必需的因素——坚持到底。在我们遇到困难或挫折时，我们最初或许会坚持一下，但令人感到悲哀和遗憾的是，在面对一而再，再而三的失败时，大多数人选择了放弃，没有再给自己一次机会。其实，有时候可能就是再多那么一点点的坚持，我们就会取得成功。很多时候就是因为人们没有再跨出坚持不懈的那一步，结果，让成功与自己擦肩而过。所以说，在奋斗拼搏的路上，我们要想取得最后的成功，就要永远鼓励自己，坚持下去，除了坚持，我们别无选择。

## 再坚持一下

曾经盛行一时的"淘金热"中，有一个人在美国西部挖到了金矿。他非常高兴，愈挖掘期望值就愈高。后来不知怎的矿脉突然消失了，他还在继续挖掘，但努力无济于事，终归是以失败告终了。他开始决定放弃，把机器便宜卖给一位老人后，便坐火车回家了。这位老人在之后请了一位采矿工程师，在距原来停止开采的地下三尺处挖到了金矿，净赚了几百万美元。

这个故事蕴藏着很浅显简单的道理，但我们在日常生活中，却常常忘了它才会有那么多"为山九仞，功亏一篑"的遗憾。成功就离我们一步之遥，可是我们却在最后的关头放弃了努力，让成功轻易地与我们擦肩而过，这该是多么懊丧！

"再坚持一下"，这是一种不达目的誓不罢休的精神，是一种坚强信念，同时也是一种高瞻远瞩的眼光和胸怀。它并不是低头蛮干，也不像赌徒的"孤注一掷"，而是观摩全局和预测未来之路后的明智抉择，是一种对人生充满希望和乐观的态度。在山崩地裂的大地震中，不幸的人们被埋在废墟下，没有食物，没有水，没有阳光，也没有足够的空气，还有生存的希望吗？有些人丧失了信心，很快就虚弱下去，甚至是不幸死去。而另外一些人依然不放弃生还的希望，坚信有人会救自己出去，他们坚持到了最后，创造了奇迹，从死神的手中赢得了生还的胜利。

"轻言放弃，只嫌太早"。越是在困难的时候，越是要"再坚持一下"。在顺境时，预定的目标还未达到时，也需"再坚持一下"，不要因小小的成功就停止不前。人最大的成功是差一点儿失败，人生最大的失败是差一点儿成功。

漫长人生路，不经历风雨，怎么见彩虹？人生不如意事十之八九，我们在生活中难免会碰到失败的时候。青春很短暂，也很残酷，自认为向着前方勇敢奔跑，就能握紧命运的五线谱，演奏出绚烂多姿的美妙人生，但是，事情并不像想象的那么简单。面对失败，我们要一直坚信：黑暗过后就是黎明，寒冬过后就是阳春。用坚韧战胜困境，用拼搏改变现实，这样才能创造出自己的一片天地。

从古到今，凡是能成就大业者，全都是一门心思，事必躬亲。有句俗话说："十年磨一剑。"江河湖海经过川流不息的循环，才能持续自己的充足；明月清风也要中规中矩地轮回，才能供给自己能量；花草树木也要坚持不懈地蓬勃生长，才能永久保持自己的生命。人生就是一个循序渐进、化整为零的过程。在身处逆境的时候，要守住希望的阵地，不管怎样，我们才是自己生命中唯一的主角。走累了就休息，跌倒了就爬起来，掸净身上的灰尘，继续向前走。事实证明，污泥可以培育出圣洁的莲花，寒门可以培育出孝子，锅炉可以锤炼成钢铁，正所谓困境造就伟人，失败与成功只有一步之遥。成功的道路，是陡峭的山峰，失败就像冰雪一样，见到阳光就融化掉了。培根曾说过："好的思想，尽管得到上帝赞赏，然而若不去付诸行动，无外乎痴人说梦。"那么在成功面前，我们不能光有好的理想，还要勇敢地踏出那一步，努力地缩短与成功的距离。

# 第二节　每个人都拥有成功的机会

## 适当地和自己较劲

如今多数人都渴望能够借助一些偶然事件将自己的命运改变，渴望自己能由霉运转成好运，实际上这些人都忘记了成功的初衷，幻想着自己能够得到一个美好的结局。相比较而言，拥有成功的念头并且能够为之付出行动的人更容易实现自己的成功梦，而那些总是将自己的理想封存在箱子里的人，只能让成功成为遥不可及的天方夜谭。如果我们能像那些屡获成功的人一样，以积极的态度对待人生，带着放手一搏的心态为明天的成功而奋斗，那么我们就可能会拥有生命中最美好的事物。

在成功面前每个人都会有烦恼、心情不好或者感到命运不公平的时候，我们完全可以讲几句牢骚话，作为情绪的发泄，过分压抑自己的情感并不是什么明智的选择。生活中遇到的不如意，工作上的不顺心，多数人都会忍不住要抱怨。然而，过于抱怨就会成为成功的天敌，时时刻刻都在不停抱怨的人是不受欢迎的，过多的抱怨也一定会将你的斗志消磨殆尽。

苏格拉底曾说过："让那些想要改变世界的人首先改变自己。"在这一转变的过程中，你就会不断地进步。那些取得令人羡慕的有成就的人，无一不是在不间断地和自己较劲。在成功面前，让我们朝着目标勇往直前地奋斗，每个人都有经营自己的理念和方法，虽然不同的地方有很多，但至少有一点是相同的，就是在别人选择轻易放弃的那一刻，我们还需要保持着百折不挠的绝对肯定的心态。为了自己想要的东西而努力争取，和自己较劲，这是一个提升自我修养的过程，也是一个让自己不断成熟、不断强大的漫长过程。

# 抓住人生中的机遇

出生于安徽一个贫穷家庭的赵普，曾经为了节省开支，年仅16岁的他经过再三考虑，决定放弃读高中的机会而选择了去参军。进入部队后，赵普被分配到了广播室当播音员。为了做好播音员的工作，赵普每天都坚持看《新闻联播》，并且仔细地揣摩主持人发音的抑扬顿挫，甚至还要模仿他们的表情。赵普有一个心愿，立志要成为一名优秀的播音员。为了练习好普通话，咬准每一个字音，他曾把《新华字典》上的字词抄写下来，做成小卡片，放在衣兜里，只要一有时间就进行练习。半年过去了，赵普的普通话水平已练就得炉火纯青了。

1991年，安徽省气象台开始面向社会公开招聘一名临时的气象播报员。赵普觉得机会来了。最初，负责招聘的人员以本科以上学历为由拒绝了赵普，只是后来经不住他苦苦哀求，勉强同意让他试一试。经过考核，赵普因为表现出色被录用了。1994年，北京广播学院（现中国传媒大学）播音系干部专修班公开面向全国招生，赵普决定把握住这次机会，参加了报名。只是当时的播音系属于艺术专业，不仅要考文化课还要考专业课。文化课是要求参加全国统一的成人高考，而专业课就需要寄送本人主持或播音的一些代表性作品。距离文化课考试只有4个月的时间，赵普必须要在这短暂的时间里学完整整3年的高中课程。朋友们都认为这是天方夜谭，只有赵普没有多余的时间来忧虑这些烦心事，他只是咬紧牙关，铆足了劲儿，坚信自己一定能考上！赵普利用一切可以利用的时间，反复练习着发音，不断地学习高中课程。在练习的这段时间里面，每天几乎只睡4个小时。果然功夫不负有心人，在1996年2月，只凭借着初中文凭的赵普终于收到了来自北京广播学院播音系的录取通知书！他终于走上了实现主持人梦想的旅途！

牛仔大王李维斯，年轻的时候一贫如洗，为了生活他决定前往美国西部，开始淘金之旅。走到一半的时候，一条大河挡住了李维斯的去路。没过多久，许许多多的淘金者断断续续地都被阻挡在了岸边。这时候，有人开始在上游或下游寻找出路，也有人准备原路返回，而更多的人则是毫无头绪，抱怨声一片。李维斯面对眼前的河水，心情慢慢平静了下来，想起曾有人告诉自己的一个战胜困难的方法——"精神胜利法"，随后他大声对自己说："真是太好了，这样的事情居然也会发生在我的身上，上天又多给了我一次成长的考验，任何事情的发生必定有其因果！"不久之后，他想到了一个赚钱的办法——经营船只业务，因为没有人会吝啬这么一点钱而不坐他的船渡过河的。如此一来，李维斯竟然因为挡住去路的大河而赚到了人生的第一桶金。没过多久，经营船只的人越来越多，竞争也越来越激烈，李维斯决定放弃业务并继续踏上前往西部淘金的旅程。在这之后，他又断断续续的遇到了不少的磨难。在困难面前，他凭借着乐观的心态，总是能想出应对的策略。

再后来，李维斯又发现淘金人的衣服特别容易磨破，而且西部到处都有丢弃的帐篷，于是他又想到了一个绝妙的生财之道，就是把那些废弃的帐篷收集起来，洗干净之后，缝出了世界上唯一的一条用帐篷做的裤子——牛仔裤。从此之后，他一举成名，成为举世闻名的牛仔裤大王。

和自己较劲的人会不断地向上奋斗，取得进步，因为这样的人是希望能够改变自己的人，是一个对自己严格要求的人。他们往往会尽力去弥补自己的不足，不断地往自己的"伤口"上撒盐。但是，这些"自找苦吃"的"受虐"行为可不是白白承受的，在这个艰难的过程中，他们的能力也会逐渐提升，成绩也会越来越出色。和自己较劲需要吃苦，却不只是盲目地吃苦。苦是要吃的，但要吃在关键处，劲儿是要较的，但要较在自己不足的方面。这样，我们每一个人才会有成功的机会。

曾经听人说起过："我们每一个人，一生总有一次机会，如果能够抓住机会，那么名利和富贵就会唾手可得。"

人生就是这样，其实每天我们都有很多机会，重要的是我们有没有好好地把握，有没有好好地利用机会。倘若一个人对自己所有的机会都视而不见，那么对人生来说肯定是大损失。如果你是一位成功人士，那就说明你把握住了自己的机会并且做得非常出色，如果你是一个失败者，你只需要抓住这次成功的失败机会，就可以为下一次成功的机会打好基础。无论是成功、富贵还是名利，只要把握住一次机会，我们就会拥有属于自己的希望。

# 第三节　失败是成功的契机

风雨坎坷是在所难免的事，面对人生的困境我们是前进还是后退，是战斗还是退缩，往往取决于我们自己。

## 意志力是成功路上的开路先锋

世界上有"一帆风顺"这个词，但绝对不会有一生都一帆风顺的事。在我们每一个人的生活道路上，都不是只有鲜花、美酒和掌声，当你怀疑自己能力的时候，当你感觉到自卑的时候，你就会出现事事不如别人的消极想法，从而导致自己一事无成；与此相反的，如果你拥有自信，相信自己的能力，你就会果断采取行动，那么许多事情都会迎刃而解了，也增强了进取时的勇气。做一个乐观向上的人，用豁达的胸怀去面对生活给予我们的一切。

法国大作家大仲马曾经说过："人生是由无数烦恼组成的念珠，乐观的人总是笑着数完这串念珠。"事实的确如此，一个能在困境中还保持微笑的人，要比一个面临艰难挫折时就感觉泰山压顶万念俱灰的人伟大得多。一个人能够在一切周遭的环境和事情与当初的愿望相悖的时候依然能够保持微笑，那么恭喜你，你是一位生活的成功者，因为拥有这种良好心态的人就是一般人不能比的。

许多历经多次失败而最终成功的人，他们面临的"熬不下去"的最后关头，比任何人都要多。但他们即使在感到"已经熬不下去"时，也会"咬咬牙再熬一次"，即便是愈战愈败，却还是在最后关头看到了胜利的曙光。所以，我们要吸取经验教训：越想放弃的时候越不能放弃。正如著名作家歌德说的那样："不苟且地坚持下去，严厉地驱策自己继续下去，就是我们之中最微小的人这样去做，也很少不会达到目标。因为坚持的无声力量会随着时间而增长到没有人能抗拒的程度。"

对那些意志坚强的人来说，失败是生活馈赠给他们最大的机遇。失败时，他们突然被警醒，要么是发现了问题的关键，要么是悟出了生存的智慧。当每次失败降临的时候，他们都会满怀感激之情，因为他们知道成功就在失败的后面。当然，每遇到一次挫败，我们的信心就被动摇一次，这是人之常情。但是，成功人士和一般人的不同之处，就在于其动摇信心的时候还会说服自己再坚持一下，将失败扭转乾坤。越想放弃的时候就越不能放弃，很多时候，失败就是取得最后成功的转机。如同哈维不是一次就提出血液循环理论的人一样，达尔文也不是一次就提出进化论的人，洛克菲勒更不是一次就开发石油的人。他们失败了无数次，但他们都是能坚持到最后的人，所以唯有他们才获得了特别的成功。人在每过一道"坎"时，都会充满战栗和紧张感，唯有将力量集中到一个点上，我们才能顺利闯过去。闯得过去就意味着你上了一个台阶，闯不过去也就意味着经历了成长的失败而已。所以说，人生在"关键"时刻，往往也是生命最紧张和痛苦汇集到一起汹涌而来的时候，我们肯定会比平时感到更加的艰苦。不过，有志向成功的人会将此视为好事而不是坏事，现实的诸多事实也证明了这一点。所以，许多成功人士都说，如果缺少生命的战栗和挣扎感，那么就意味着你还没有感悟到成长的关键点，最终难以有所成就。

# 要有愈挫愈勇的精神

如今，有志于收获和成功的我们，千万不要抱怨周围发生的不如意。在你最想放弃的时候，也是你最不能放弃的时候。只要我们精心呵护，播下的种子总会有收获的那一天。成功与失败，就像一场激烈的人生赌局，要精心打。在心理学上有一个"自我暗示效应"。它的规律可以用下面这则小故事表现出来：一只蜘蛛困难地向墙上已经支离破碎的网爬去，由于墙面潮湿，它刚爬到一定的高度，立刻就会掉下来。但是它一次次地向上爬，却又一次次地又掉下来……第一个人看到了，叹了一口气，自言自语道："我的一生不也正是这只蜘蛛吗？忙忙碌碌而无所得。"不久，他便日渐消沉了下去。第二个人看到了，他立刻就被蜘蛛屡败屡战的精神感动了。自那之后，他变得坚强起来。在失败中获得勇气的原则是：我们的眼中只看到碌碌无为的人，我们就会变得碌碌无为；我们的眼中只看到奋勇拼搏的人，我们就会变得奋勇拼搏！

　　艾森豪威尔是美国历史上第 34 任总统。他年轻的时候，有一次在晚饭后跟家人一起玩纸牌游戏，几次下来都抓了一手很差的牌，便不高兴地抱怨手气不好。妈妈在这时停了下来，严肃地对他说道："如果你真想要玩儿牌，就必须运用你手中的牌玩儿下去，不管那些牌的结果是怎样！"艾森豪威尔听后不禁愣了愣。他的母亲又继续说道："人生也如牌局，发牌的是上帝，不管你手中是怎样的牌，你都必须握紧。你现在能做的只有竭尽全力，寻求最好的效果。"过了很多年，艾森豪威尔还一直牢记着母亲的教诲，再也没有抱怨过命运。与之前不同的是，他一直以积极、乐观的态度去接受命运的挑战，拼尽全力做好每一件事情。就这样，艾森豪威尔从一个平凡的平民家庭走出，一步步地成为中校、盟军统帅，最终成为美国历史上第 34 任总统。

　　所以说，人生就好比牌局，不能指望时时都能得到好牌，我们力所能及的就是将手里的牌用心地打下去，即便手里的牌再差再糟糕，也应该努力打出自己的水平，只要我们尽心尽力去打，差牌也会成为反败为胜的机会，失败也会成为成功的契机。

# 第四节　失败，成功者的宝藏

## 不要对失败有偏见

现实中的许多人认为，失败意味着一蹶不振，那是一件极其折磨人的事情，所以谁都不愿意和"失败"打交道，甚至有些人对其充满了厌恶和恐惧。不幸的是，我们却总是在生活中与失败不期而遇：求学失败、生意失败、婚姻失败、恋爱失败、工作失败等等。其实，失败也好，成功也罢，都只是暂时的一种状态。而且，这对成功人士来说，只是在失败中认识到了曾经做的选择和决定是错误的，以及现在还存在的问题。从失败中，清醒地认识到了自己和外界之间的差距。了解到了这些之后，我们在面对失败时，更多的还是应该怀有感恩的心，感谢失败，因为失败，所以我们才会成功，失败是成功的契机。

我们不该把失败看作是一个贬义词，最为恰当的说法是，失败其实是成功的证明。至于失败证明了些什么，那就和每个人的心态有关系了。失败了，有的人看到失望，于是悲观、意志消沉；有的人选择了及时放手，改变了方向；有的人从中吸取了教训，然后爬起来继续向前走。对于后两种人，醒悟是失败馈赠给他们最好的礼物，而失败本身的事实则成了附属品。当他们开心地接受失败的馈赠之后，都会发自内心地对失败说句"谢谢"，感谢失败。

对一些优秀的人来说，失败是他们遇到的最大的机遇。

从前有一人看到一只蝴蝶正艰难地从茧子里挣脱出来，可是茧子的口太小，它努力了很久还是收效甚微。这个人自以为是地拿出剪刀把口子弄大了一点儿。这下，蝴蝶终于破茧而出了，但是它的翅膀却又干又小，躯体也是干瘪的。实际上，从生命学上来说，蝴蝶从茧中挣脱的过程中，会分泌出液体，使它的翅膀变得丰满，如果没有这个艰难的过程，它就不会飞翔。所以，这个人看似帮助了蝴蝶，实际上却帮了倒忙。因为他的好心让蝴蝶永远也飞不起来了。

联想到我们的现实生活，有时候暂时的失败，就是自然规律作用的结果。一旦失败成为成长的一部分，那么就没有真正的失败，只是暂时停止了成功。有些人也将这种现象称为"蝴蝶定律"。蝴蝶定律的本质意义，在于它揭露了一个基本的道理，失败是我们成长必须要经历的过程，也是成长规律的一部分。所以，成功总是通过失败，通过痛苦来体现。而在失败的过程中也不能提前停止痛苦。

# 在失败中强大自己

有句俗语说："失败是成功之母。"我们要想获得成功，首先要拥抱失败。正如像某些人所说的那样，世界上没有永远的成功，只有暂时的失败。即使面临着失败，对那些梦想成功的人来说，也只是成功的短暂停止，并不是失败的真正降临。其实，某些时候暂时的失败，只是自然规律起作用的结果。一旦你承认失败是自然规律的一部分的时候，那么就没有真正的失败了，只有暂时停止的成功。

有这样一则故事，讲述的是艾科卡带领克莱斯勒走出困境的一个小插曲，却令人回味无穷。某一天，一位项目经理把辞职信交给了当时的 CEO 艾科卡，表示要对自己所领导的失败项目负责。可是艾科卡却拒绝了，他知道这位项目经理仍然会在汽车行业继续工作。于是，他说道："我不希望这100万美元的学费全部替别的汽车公司交，现在必须要做的就是把教训记下来，这是我们的财富。"

所以说，具备智慧的成功者都会懂得，自身能力的提高往往不是从成功中获取多大的经验，而是从失败中总结教训得来的。这就像蝴蝶定律所揭示的道理一样：一切的成功和失败，都源自于对规律的尊重与探索。

曾经妇孺皆知的王安公司，其生产的文字处理机是由计算机走向 PC 的关键一步。可是，王安公司却看不起 PC。

后来，当 PC 迅速成长起来以后，并且把王安公司赖以生存的"2200 型"和"文字处理机"排挤出市场竞争后，他予以了有力的反击。

王安公司开始生产出了性能可靠、速度超过 IBM 产品 3 倍的 PC，王安再一次成功了。

可是，王安却又再次固执地不愿在软件上与 IBM 兼容。

三年过去了，IBM 个人电脑标准已经成为工业生产的标准，王安公司从此陷入危机。

曾有媒体报道说，王安自己曾多次表示：

"身为公司的创始人，要时刻保持我对公司的完全控制权，使我的子女能有机会证明他们有没有经营公司的能力。"

对现代职场和商场来说，不管是违反技术发展的规律，还是违反企业的经营管理规律，最后终将走向失败。那现实中，又为什么有人能够扭转乾坤，把失败转化为成功呢？正是因为他们从失败中汲取经验教训，丰富和强大了自己。

因此，人生有失败并不是坏事。失败就像绳索，意志坚强的人可以借助它勇攀高峰；失败就像一面镜子，可以从中找出自己的不足，弥补缺憾。失败是另一种收获，更是人生中最弥足珍贵的一部分。我们经常说失败是成功的宝藏，需要我们有探索和发掘的勇气，但在这一过程中不可避免的还是要经历失败。不愿意承认失败与不愿意接受失败同样不可取，都是人生最大的失败。

当你开始做一件事的时候，失败也许会伴随着你。倘若你担心失败，那么你必然会一事无成。做父母的人都知道，孩子不摔跤是学不会走和跑的，可是当父母看到孩子在不断的摔跤中学会了走和跑的时候，他们的心情是万分激动的。

你一定见过叫"不倒翁"的玩具，"不倒翁"的重心在圆心下面，所以不论你怎么推它、捅它，只要手一松，它马上又会直立起来，所以，它永远都不会倒下。人生中有99%的时候都是失败，只有充分利用失败的人，才能收获成功。

如果你想做一件事，最好准备50%的概率去失败。关键是看你能否利用失败，能否在失败中有所收获。人生就是这样，在不断地经历磨难的过程中，人才能变得更加强大。

从失败中掌握到的东西，远比从成功的经验中得到的东西要多得多，可以说，失败是成功的一大宝藏。

# 第五节　失败是成功最后的考验

如果我们不能从过去的经历中吸取教训，我们就是在重蹈覆辙。

# 成功是从失败中总结出来的

失败是对我们的考验。失败可能会永远将我们压倒，或者让我们永远意志消沉，但是，失败却也能够唤起我们的勇气，提高我们的柔韧性和适应性，让我们变得百折不挠。失败可能会重新塑造你的性格，也可能成为你未来成功的铺垫。无论你身处的环境是怎样的，无论你身上发生了什么事，你会怎样对待失败对你产生的影响是由你自己决定的。你也许会请教他人的意见和看法，但是，最终还是要由你自己来决定失败后要采取怎样的态度。

许多年前，在一个日间的电视访谈节目中，嘉宾们讲述了许多不但令人震惊，而且还发人深省的感人故事。

其中有一位名叫马克的中年男士，他原本是经营酒店行业的，是一名极为成功的商人，但是后来他很不幸地破产了，失去了原来自己所拥有的一切。酒店的生意破产了，舒适安逸的生活不复存在了，两个女儿也读不起私立的贵族学校了，家里再也养不起私人马匹了，同时也担负不起外出旅游的经费了。他住在一间很小的房间里，妻子也离开了他，他只能靠政府的救济金过日子。当时的他，彻底崩溃了。他已经52岁了，感到自己已经没有希望了，可他又一直坚信着这不是真实的环境，而是他消极的想法让自己失去了信心，才变得一蹶不振的。他从不认为自己是一个真正的失败者，否则，他的余生就不得不在这么个狭窄简陋的破房子里度过了。

所以，这档栏目的负责人决定帮助他重拾自信，燃起乐观、热情的情绪。之后，再为他设计一个计划来使他重新步入到人生的正轨中来。可是，在此之前，他还需要对自己曾经所经历过的事情有一个重新的认识。他必须立刻停止自我责备和悔恨，因为这两种情绪会让人疲惫不堪，同时也很浪费时间，让人们根本没有任何时间和精力去做其他的事情。

如果他想要忘记过去，首先要做的就是原谅自己，知道自己已经尽力了。这就意味着他必须要勇敢地面对自己因判断失误所犯下的错误。仅仅在4周内，马克就已经恢复了斗志，比起原来的自己他觉得现在的自己更加聪明，同时也摆脱了以前沉重不堪的思想包袱，重新做好了再次回到原来工作状态中的准备。他不仅希望回到原来的生活状态，也决定要放手一搏。他开始申请酒店零售店经理及销售的岗位，在6个星期后，他找到了适合自己的工作。现在正经营一家小型的乡村旅馆，而且这个工作也为他提供了一个舒适的居住环境，现在他已经从那间破败的小屋里搬出来了。

**我们必须学会应对失败。这是任何积极进取、富有野心的人都必须学会的技巧。**

现实中，根本没有任何可以逃避失败的地方。越是煞费苦心去极力避免危险和失败的来临，就越容易遇见它。一旦遇见了失败和危险，人往往会变得手足无措，生活也会因此而变得举步维艰。在失败面前缺少应对办法产生的痛苦是无法预估的。我们在生活中会遇到各自不同的挑战，但是失败却是普遍存在着的。这是我们每一个人都会遇到的，所以我们要有迎接失败的心理准备，而不是去畏惧它。人人都希望自己成为生活的强者，但通向强者的道路上永远有失败。失败使人经受考验，失败使人奋勇拼搏。在顺境中看到的鲜花和笑脸，使人们习惯于浸润喜悦的心灵往往承受不起太大的打击。迎接失败，虽然身处逆境，但是可以使人尝遍人间酸甜苦辣咸的种种滋味，在饱受了世态中的冷暖炎凉后，也会更多了一层对生活的领悟，更加了解人生的真谛。

## 失败和困难是生命中最美的考验

失败是一本开启智慧的宝典，当人们在精心阅读之后，会发现它在娓娓讲述丰富的生活阅历的同时，又夹带着睿智，细细品味会使人豁然开朗，智慧倍增。失败又是一位深沉的哲人，似乎在说：强者的人生意义不在于他辉煌的成功，而在于它为实现理想所做的一次又一次的搏击，强者在风浪中领略到的秀丽风景是平庸者永远都看不到的。失败对每一个人来说都是一场考验，只有经受住失败的考验，才能铸就非凡的人生。说起该如何面对失败的考验的时候，没有贝多芬的身影是令人遗憾的，因为他在战胜失败方面，创造了不亚于他那些交响曲的辉煌的成就，令人震惊的同时又令人钦佩。

　　1770 年的冬天，贝多芬诞生在了波恩一间简陋的小屋里。他的父母感情不和，家庭生活贫困。这样的成长环境使得贝多芬的灰色童年蒙上了严肃、孤僻、倔强和独立不羁的性格特点，可他的心底却孕育着强烈而深沉的感情。从 12 岁开始作曲的他，14 岁便参加乐团出演，并领取了工资以贴补家用。

　　17 岁的时候，母亲病逝，并且把家中不多的存款也花光了，留下了两个弟弟和一个妹妹，还有一个已经自甘堕落的父亲。不久之后，贝多芬又得了伤寒和天花，这无异于雪上加霜。他遭受失败的打击，真不是一般孩子所能够承受的。尽管如此，贝多芬还是挺过来了，不仅是为了家庭生活，也是为了他自己的爱好，之后他一直在乐团里工作。

　　贝多芬的音乐充满了高尚的道德情感。有的曲子像奔腾的激流，给予人们信心和力量；有的曲子如美丽的大自然，淳朴明朗，宁静庄重；有的似素月清辉倾斜在橡树林中，缥缈温柔，幽美深远……在贝多芬刚刚尝到胜利的喜悦的时候，他的音乐天才刚刚萌生，正式迈入风华正茂的黄金时代之际，却震惊地发现他的听力正在急速下降。众所周知，听力对一个音乐家来讲是多么重要。但不幸的是，这位把生命献给音乐的德国青年却在 26 岁之际即将失去音乐的耳朵。开始的时候，贝多芬极力掩饰听力迟钝的缺陷，他尽量避免参加社会活动，以免别人发现他耳聋的事实。最后，贝多芬决定向悲惨的命运挑战，他说道："我要扼住命运的咽喉，他休想使我屈服。"这句话，后来成为贝多芬一生的座右铭。

生活的确是给了贝多芬很多考验，暂且抛开他的耳疾，在其他的地方也是屡遭磨难。贝多芬不甘寂寞的性格，使他更加渴望爱情和婚姻能够带给他一个温暖栖身之所，让他饱受折磨的心灵能够得到些许的安慰。但失败的恋爱经历还是让满怀热情的他逐渐败下阵来。他虽然没有获得最后的成功，却在当时的情景下创造出纪念爱情的钢琴曲，被题名为《赠爱丽丝》，优美、柔和的旋律至今为人们所喜爱。

贝多芬虽然经历过许多方面的失败，但是他却收获了成为伟大的音乐家的梦想。在失败的考验面前，贝多芬虽说是一生困苦，但同时也是最幸福的人。困难，是生命中最美的考验；期盼，是迎接每天初升的朝阳。让我们一如既往地带上梦想，让曾经被风雪压折的枝头再度吐出新芽！

# 第 3 章

## 幸福与痛苦的纠葛：痛并快乐着

----------------------------------------

痛苦、幸福，全凭我们的领悟。平凡，并不等于平庸。没有痛苦，就不是完整的人生。拥抱快乐，人人皆有机会，只是唯有耐心耕耘的人才能收获。

----------------------------------------

# 第一节　关于痛苦

## 懂得人生的痛苦

如果将人的一生分为十份，那么不称心的时候会占几份呢？正如曾国藩所说："人生不如意，十有八九。"暂且不论生、老、病、死，仅仅是在日常生活中，就难免会有爱别离、怨憎会、求不得几苦。或许有些人觉得不以为然："明明人生还有很多的乐趣可言，又何必夸大痛苦，紧盯着痛苦不放呢？"这里所说的苦，其实不是不承认人生中存在快乐的成分，是在他们的意识中，这些寻常人所认识的快乐转瞬即逝，只是人生寥寥无几的"点缀"，而却不是人生的本色。在人的一生之中，很多人认为亘古不变的，其实一切都在变化。位高权重的，会一落千丈；至死不渝的，会势同水火；举家合欢的，会曲终人散；长命百岁的，会撒手人寰。所以说，生活中一切的美好都难逃变化的厄运，变化就会给人带来痛苦，这才是"人生皆苦"的真谛。

懂得人生的痛苦，实际上对每个人来讲都是至关重要的。如果你一直看不清这个世界的真相，认为它应该充满快乐，这样只会一味蒙蔽自己，苦中作乐，一辈子都会被痛苦牵绊。生命像是一条湍急的河流，转瞬间的流逝中我们曾经遇到过大坝，遇到过泥淖，或者是倾盆骤雨，这些阻碍、困难、磨砺和痛苦都会成为我们心中的暗礁。但是，当我们坦然地面对它时就会发现，那些曾经的伤痕会让我们生命的汪洋，流得更宽、更远，更加清冽无比。在面对人生的挫败与烦恼时，最重要的是要调整自己的心态，积极面对一切。再苦再累，也要时刻保持微笑，这样的人生才会更灿烂！如果没有困难，我们会变得浮躁；如果没有挫折，成功不会有惊喜；如果没有沧桑，世间不会有同情心。所以，不要总想生活要多么圆满，生活的季节不只有一个春天。漫长的一生注定是要经历坎坷，品尝无奈和苦涩，经历失败和挫折。所以说，生活倘若都是两点一线般的顺境，就好像白开水一样平淡无味。当酸甜苦辣咸五味俱全的时候才是生活的全部，只有喜、怒、哀、乐、爱、恶、憎全部经历过才算是完整的人生……那么，从现在开始，要乐观地面对生活，不要埋怨生活给予了你太多的困难，不要埋怨生活中有太多的波折，不要埋怨生活中存在太多的不公平。

当你经历过世间的繁华与喧嚣的时候，看透人生百态，你会幡然醒悟，原来人生不会太美满，再苦也要笑一笑！

从前有一个师傅，他对徒弟不断地埋怨这埋怨那感到非常厌烦，于是在某一天早上他派徒弟去取一些盐回来。徒弟心不甘情不愿地把盐取回来后，师傅让徒弟将盐倒进水杯里并让他喝下去，然后问他味道如何。

徒弟立刻吐了出来，说："好苦。"

师傅微笑着让徒弟带着一些盐和自己一同去湖边。

到湖边后，师傅让徒弟将盐撒进湖水里，随后对徒弟说："现在你喝点湖水。"徒弟喝了口湖水。师傅问："味道怎么样？"

徒弟回答："很是清凉。"

师傅问："尝到咸味了吗？"

徒弟说："没有。"

之后，师傅便坐在这个总是怨天尤人的徒弟身边，说："人生的苦痛就像这些盐，既不会多也不会少。我们承受苦难的容积大小、形状，决定了痛苦的深度。所以，当你感到痛苦的时候，不妨把你承受的容器放大些，不是一杯水的宽度，而是一个湖。"

有些人只是喜欢一味追求一帆风顺，却不愿意面对任何痛苦，这样的期望在现实生活中是不太现实的。人生在世，风风雨雨总是在所难免的，磕磕绊绊也是寻常事。当下，人们多数在为各种痛苦烦恼着，寻根究底都是来源于他们对痛苦的漠视，对变化无常的无知，对于痛苦的突然来袭毫无准备和招架之力。

人生痛苦的事太多了：急于成长，之后又哀叹逝去的青春；用健康换取金钱，不久之后又以金钱换取健康；在活着的时候认为死亡离自己很遥远，在死亡边缘垂死挣扎的时候，却又感觉到活着的时间仿佛很短暂；明明已经对现在的生活焦虑不已了，却依然选择无视眼前的幸福。

从前有一位父亲，他有两个儿子，一个取名叫乐观，一个取名叫悲观。这两个孩子从小在同一个环境中长大，却拥有截然不同的两种性格：乐观不论遭遇了任何的事情，都会十分快乐积极地去面对；而悲观即便在一帆风顺的情况下，也常常心情沉重。父亲认为给孩子取这样的名字，本身对他就很是不公平，于是决定补偿自己的孩子。他把乐观这孩子放在了一堆牛粪中，之后又将悲观放在了一堆珍宝玩具之中。过了一段时间，父亲去观察他们两个。意想不到的是，乐观在牛粪中玩耍得非常开心，他兴奋地告诉父亲："既然您决定让我在牛粪中玩耍，那么在牛粪之中一定会有出乎意料的宝贝，现在我正在努力地将它找出来。"令父亲失望的要数悲观了，悲观坐在这一堆珍宝玩具中，很多的玩具因为他不满的情绪被摔个粉碎。这下，父亲终于明白了，想要让一个人真正地感受到快乐，光是靠外在的环境是无法办到的。要将痛苦转化为喜悦，只能依靠我们自己的内心。

## 痛苦源自内心世界

其实，在生活中，我们所面对的一切痛苦，很大程度上都是来自于我们的内心世界，我们看到的都是我们内心世界的反应。不同的人在面对同样的半杯水的时候，幸福的人会满足于还剩下一半的水，痛苦的人会因为只剩下一半的水而难过。面对同样的一束玫瑰花，幸福的人会不由得赞叹刺上有花，而痛苦的人则会哀叹花下有刺。由此可见，一个人的生活是否痛苦，外界环境对他的影响并不是那么大。正如哲学家爱默生说的那样："生活的乐趣，取决于生活的本身，而不是取决于工作或地点。"在我们的人生中，不称心之事十有八九。如果我们不能正视这些痛苦的存在，一味怨天尤人，总想着改变外界的环境让自己快乐起来，只会陷入另一个更加痛苦的怪圈中去。

痛苦是建立在外界的环境上还是建立在我们的内心呢？很多人对此从来没有静下心来认真思考过。如果外界环境果真像我们认为的那样苦不堪言，那么不论谁接触到这样的环境都会生起同样的感受，但实际上却不是。就好比一堆粪，洁净之人看到它会产生作呕、厌恶的情绪，而小狗看到它则是欢欣雀跃的，认为找到了人间的美味。

淡泊名利的陶渊明先生在隐居山林时，制作了一张无弦琴，这张琴只有其外形却不能发出任何声响，而陶渊明先生却经常在家中抚琴自娱，煞有介事又自得其乐。与此相反的是，不少名人富豪，虽然身居在豪华别墅内，却经常失眠，无药可医；还有不少高官厚禄之人，为了争权夺势而强作欢颜，心无安宁之时，缺少了太多生活中的欢乐。由此足以证明，痛苦是由内心引发，跟外界的关系不大。

很久以前有这样的一个故事：在温州的地界上有一个亿万富翁，他非常富有，可他却一点儿也不快乐。有一次，他从一家星级酒店里出来，一个乞丐向他伸手要钱。他很不耐烦地给了一元钱，乞丐非常高兴。他觉得很不可思议，连一元钱也能高兴成这样，这是为什么呢？于是，他吩咐随从先回去，说今天自己要散散步。等到大家都离开后，他就去找那个乞丐，并在一家拐角餐厅请乞丐吃饭，就这样和乞丐闲聊了起来。乞丐告诉他，自己每天都很轻松自在，晚上也都睡足8小时。乞丐的话让他很悲伤，即便他拥有了别人无法拥有的财富，却得不到一点儿的快乐。

所以，我们只有对本心有所了解，才能正视痛苦，才能知道什么是真正的快乐。人生中赚得的财富，其用途并不是像灵丹妙药般的治病救人，而是像伤害人性命的毒药。正如你所看到的那样，有些人拥有的钱越多，痛苦就越大。华智仁波切就曾说过："有一条茶叶，就会有一条茶叶的痛苦；有一匹马，就会有一匹马的痛苦。"

# 第二节　关于幸福

## 用心感受幸福

幸福是非常巧妙的。远离它的时候，你可能无时无刻不感到它的存在；近身追寻的时候，却又不知道它到底为何物。一切的和谐与平衡、健康与美丽、成功与幸福，都是由乐观向上的心理情绪产生并造成的结果。

追寻幸福是人生的一个梦想，它是人类本性的展现。但幸福又是只可意会不可言传的东西。那么，关于幸福的解释，就像"有一千个读者就有一千个哈姆雷特，一千个人就有一千种心灵体验"是一样的道理。我们在关注生活质量的时候，更应该注重内心对幸福的感受和体验，要相信生活本身就是幸福的缔造者，来自外部的一切刺激都需要靠内心的参与，只有做到了内心的满足才能感受到幸福。幸福从来就没有标准，它只是一种感受、一种体验，因人而异。

幸福是关乎人们身心的宁静，如果要想寻找到幸福，不妨试着把生命的重心转向我们的内心。这让人不禁想起了卢梭的《忏悔录》，这位伟大的哲人以少有的细腻笔触歌颂着生命的幸福时光。

在《忏悔录》里，卢梭抒发了自己对人类长久以来在坚持不懈中追寻着的幸福观—幸福是人的内心长期以来收获的精神满足，幸福超越一切物质、金钱和贪念，幸福是快乐的灵魂和没有负累的肉身的完美结合体。简而言之，幸福就是旺盛的生命力，充满健康、乐观、热情。实际上，我们的生命本身就是创造幸福的机器，它不需要多少来自外在的原料，只要一心一意把幸福运送给心灵、运送给所有的感官。所以，我们得出一个结论：其实，幸福触手可及，生活中本不缺少幸福，只是缺少了感受幸福的心灵。生活中常见的幸福，如每天天亮起床，感到幸福；清晨慢跑，感到幸福；在树林和山丘间徘徊，感到幸福；在山谷间游荡，感到幸福；认真读书，感到幸福；采摘水果，感到幸福；料理家务，感到幸福……

无论你在什么地方，幸福的步伐都会追随着你。这种幸福并不只是存在于任何可以明确指出的事物中，只要你用心去发现，用心去寻找，就会发现幸福原来就在身边，从未走远。总而言之，幸福变成了一股川流不息的甘泉，流淌进我们的心里，于是我们感到无时无处不幸福。这样的幸福，虽然形式迥异，却是生活中至纯至美的享受。这样纯粹的幸福，不必精心装扮，无须奢侈的晚宴，只要你回到最朴素的生活本质中，在清风明月的见证下，幸福也会变得刻骨铭心，因为幸福是用心灵的热量锤炼而成，是用灵魂的诚挚酝酿而成。

人生是一个既短暂而又漫长的历程，在不同的人生阶段，总是要为幸福刻下特殊的烙印，人们总有不尽相同的幸福感。幸福也是有时效性的一即存在"过期作废"的局限。但值得庆幸的是，幸福的本源和本质不会发生太大的变化。只要我们能追本寻源把握幸福的脉搏，只要我们把收获幸福视为一个自我实现的历练过程，我们将能够收获并维系好属于自己的幸福。既然追寻幸福是我们一生最大的目标，我们就更加要运用自己的聪明才智学会如何去保护幸福，而不让幸福从身边溜走。卡耐基曾经说过："心中充满快乐的思想，我们就快乐。想着悲惨的事，我们就会悲伤。心中满是恐惧的念头，我们必会害怕。怀着病态的思想，我们真的可能会生病。想着失败，则一定不会成功。老是自怜的人，别人只有想法避开他。"

卡耐基是远近闻名的钢铁大王。有一天，他在纽约市中心的一幢高层建筑的电梯里遇见了一位开电梯的人，而这个人没有左手。他出声询问这位没有左手的人，会不会因为没有手而感到伤心。得到的回答却让卡耐基大吃一惊，他微笑着说："噢，不会，我根本想不到它。也只有在需要用手穿针引线的时候，我才会想到这件事。"他的语气铿锵有力，诙谐幽默。有谁会真的相信没有手的人，只有在穿针引线的时候才会想到手呢？

积极乐观的心态在告诫我们，面对已经发生的或肯定发生的事，不妨试着以平常心对待。哈佛大学的校训是：对待必然之事，要轻松承受。能够接受已发生的事实，这是克服任何不幸的第一步。和那个失去左手开电梯的人不同，我们身边的大多数人，在完整的拥有"左手"时，总会杞人忧天。

他们在想，如果有一天我失去了工作该怎么办？如果有一天我失去了健康该怎么办？如果有一天我无力赡养老人该怎么办？如果有一天孩子不能成才该怎么办？如果有一天所有的亲朋好友突然对我不友善该怎么办？未雨绸缪是好事，姑且不说失去"左手"的这一天是否会来临。我们需要关心的是，如果时时害怕失去"左手"，便会终日陷于焦虑，无法自拔。

幸福就像一只蝴蝶，你要捕捉它的时候，总是追不到；如果静下心坐下来，它也许会飞落到你头上。穿梭在纸醉金迷的都市生活中，你有没有想过停下忙乱的脚步看一看夜空中闪烁的霓虹灯？你有没有想过为疲劳的心寻找一片宁静？你有没有想过放开紧绷的神经认真地回味身边的幸福？很遗憾的是，在平凡的生活中，我们似乎并不适应轻易得来的幸福。

# 抓住触手可及的幸福

有些时候，我们甚至还对触手可及的幸福遮遮掩掩。比如，本来很想跟老朋友叙旧，却总是以"没有时间"搪塞；很想跟家人交流，却总是有"等以后再说"的计划；很想和父母外出旅行，却总是不时地冒出"等有了车再去"的念头。

幸福就是这样被"等待"这个永远无法知道尽头的词无限制地延后了，我们总是在无可奈何中默默期待，却忽略了用实际行动守护身边的幸福。

在追寻幸福的方式上，可以说"条条大道通罗马"，只是，这条大路之中却有远近之别和正歧之分。倘若不慎走上一条歧路或是弯路，那样不仅会多走冤枉路，甚至还会南辕北辙，和原来的目标背道而驰。明明是要寻找幸福，结果却是陷入烦恼和痛苦中。

在现实生活中，每个人都追求自己的幸福，其结果却大相径庭。为什么这样呢？因为追求幸福和快乐是一种本能。只要日复一日，年复一年，坚持不懈，笃行不变，那么幸福就像从万山中来的溪水那样，会日益剧增，并一路欢欣雀跃地走向更加美好的明天。收获幸福、快乐的能力既不是与生俱来，也不是天赋异禀，必须在社会生活中靠学习、思考、实践的方式逐步完成。幸福不属于奢侈品，不是只供给少数人专用的权利。

幸福并不是深藏不露的矿石，需要经历勘测、挖掘、挑选、冶炼的步骤才能最终成为实用的器物。相反，幸福像阳光和空气一样，它存在于每个人的身边，随时供人使用。利用幸福的人，时时刻刻都能感受到幸福的存在；而那些不清楚幸福为何物的人，就只能一声声埋怨而让幸福离他远去了。人们经常在失去了之后才懂得珍惜，所以经常与幸福擦身而过。

美国著名的医学家奥斯勒教授，他拥有幸福的秘诀是经常说"今天最好"。生命是一个完整的过程，而不是一个结果。倘若不会享受和体验这一过程，又怎么能体会到生活的精彩呢？我们要活在当下，淡定地直面人生，用健康的心态享受每一个"今天"，那么你所追寻的幸福便能掌握在自己手中了。

# 第三节　让幸福成为生命中耀眼的明珠

## 要学会坚守幸福

有句俗话常听人说起，叫"知足常乐"。"知足"是生存的智慧，也是幸福的必要条件。有项研究表明，人们内心评判幸福标准的高低直接影响人们对幸福的认知度，调整心理评价标准能够让人们更容易获得知足和满足，所以调整心理评价标准就被人们作为提升幸福感知度的重要方法或途径。只有知足才能满足，只有知足才能幸福；相反，如果不知足，就可能会降低幸福的感觉。

在人生成长的不同阶段，幸福总是为我们留下无法磨灭的记忆。人生在不同阶段追求的幸福或是经历，最初只是埋藏在内心的希望，倘若这些愿望都得到了实现，那么将带给我们内心极大的欣喜和满足感，这就形成了幸福。如果我们事先预示了人生阶段的幸福追寻，那么在心理上就会提前做好迎接幸福的准备，反而失去了心中的那份悸动。幸福可以是零零碎碎、点点滴滴的瞬间感动，也可以是天长地久、刻骨铭心的真情表露，所有能带来内心满足感的感知都是幸福的化身。

在少年时，长辈们在过年的时候给的红包、压岁钱，送的新衣服、新皮鞋，当下流行的新玩具；朋友们送的生日礼物或出乎意料的收获，甚至还有那些令人心醉的回眸一笑和饱含情意的书信都是让人满怀幸福的源泉。在青年时，我们在追求与被追求、爱与被爱的波折中，一次一次的备受感动，一次一次的升华，最后终于能和相爱的人白头偕老，这成了不可替代的幸福；能够在未来明确事业的发展方向，并找到一份自己喜爱的事业，这些都有可能成为青年时代最有代表性的幸福。

在人到中年，对生活的热情渐渐褪去，开始觉得平平淡淡才是真，能和另一半同甘共苦建立家庭，能和父母儿女和睦相处，开开心心地工作和生活就是最大的幸福了。

人一旦到了晚年，相当于走完了人生的一半，曾经拥有过的、失去了的都已无法去衡量、去计较了，开始对自己的人生有了感悟之态，唯一放不下的就是孩子，能够徜徉在温暖的亲情中安度晚年就是老人，最大的幸福了。

对朝气蓬勃的我们来说，努力活在当下，过好每一天是最大的幸福，快乐源自每天的良好感觉。

幸福也是一种积极的生活态度，而你自己就是心态的主人。倘若把拥有幸福想象成驾驭一匹骏马，那么，心态就是那匹骏马，自己则是驯马师。也就是说要驾驭好你的心态，莫要让心态驾驭你。倘若你技术超群，那么你就能够熟练地驾驭心态；倘若你骑术不够过硬，那么就很可能无法掌控自己的心态，你和心态之间的关系就可能会本末倒置，很有可能你会沦为消极心态的奴隶，幸福就会离你远去，这样就得不偿失了。

卡耐基曾经说过："心中充满快乐的思想，我们就快乐。想着悲惨的事，我们就会悲伤。心中满是恐惧的念头，我们必会害怕。怀着病态的思想，我们真的可能会生病。想着失败，则一定不可能会成功。老是自怜的人，别人只有想法避开他。"相同的处境，却有着不同的心态，甚至也会有意想不到的结果。所以说，心态的调整是一种自主选择，主动权就掌握在你的手中，获得幸福全凭你自己的选择。

有这样一则小故事。意大利威尼斯城的小山上，住着一位智慧老人。传言说，他能解答任何人提出的难题。这时，有两个小孩想要戏弄一下这个老人。他们捉住了一只小鸟，把它放在手心里，方便他们随时可以掐死它。之后他们就问老人："现在你猜猜，小鸟是死的还是活的？"老人慢条斯理地说："倘若我说小鸟是活的，那么你立刻就会握紧你的手把它弄死。倘若我说它是死的，那么你就会张开手让它飞走。你现在掌控着这只鸟的生死大权。"

事实上，幸福就握在我们每个人的手中，每个人都掌控着自己选择幸福的优先权，倘若你能够调整自己，用积极的心态正视生活，那么你就会牢牢地握紧幸福；倘若你不能调控好心态，那么就很可能让幸福从你的手中溜走。

# 平常心

我们每个人都可以通过自主活动和努力调整消极心态，培养积极心态。按照心态调整的步骤坚持练习，将能够帮助你培养积极心态，获得幸福。当然，我们也不能把积极心态与消极心态截然地割裂开来，往往是积极心态中可能有消极的成分，而消极心态有时也有其积极意义，调整心态的关键是要把握好分寸，从而创造幸福新生活。

在循序渐进中调整好自己的心态，积极乐观的心态是在生活过程中逐步养成的一种豁达的生活态度。所以，调整好心态就不能急于求成，要循序渐进。设定一个计划，每天一小步，每天都有进步，逐渐增加进步的比例，逐渐调整心理状态。

这是一个关于美国前总统富兰克林·罗斯福的一则故事，它给我们很好的启迪作用。

一次，罗斯福家中遭到了偷窃，财产损失惨重。好朋友写信劝解他，罗斯福回信说："亲爱的朋友，非常谢谢你的安慰，现在的我一切都好，并且依然很幸福。感谢上帝！"

因为："第一，贼偷去的是我的东西，而没有伤害我的生命；第二，贼只偷去我的部分东西，而不是全部；第三，最值得庆幸的是，做贼的是他，而不是我。"罗斯福作为美国总统一定是日理万机，烦恼的事一定很多，当他遇到突如其来的不幸遭遇时，却依然表现得很幸福。面对不幸的事情，罗斯福总是能往好的方面想，而且罗斯福的反应也表现了他选择幸福的平常心。

所谓的"平常心"，是说我们日常生活中在面对周围发生的事情时所拥有的一种心态，它是无欲无求等观念的汇合，是一种处世态度，也可以理解为淡泊名利、宠辱不惊。我们经常说的平常心，其实是一种人生境界，也是中国人独有的极具魅力的生存哲学，是坚守幸福必不可少的心态。

也许有人会质疑，幸福真的只是内心获取的满足吗？外在环境的刺激难道不会带来幸福吗？其实，外在环境的刺激当然可以增强幸福感，但是倘若没有内心的满足，再多的刺激也无法满足你的幸福感，这就好像针灸能够治病，倘若没有刺到穴位上，即使身上扎满银针也收效甚微。事实上，幸福很琐碎，犹如春雨、夏花、秋叶、冬雪，只有在你拥有感恩之心时，这些外在的刺激才会成为滋养你心田的丰富养料，这样幸福才能够在你的心中落地生根，不断成长。拥有这样的一颗平常心，我们就可以感悟到那种"等世事化云烟，待沧海变桑田"的意境。那么面对世间的一切都在经历事态的变迁、一切的利益得失时，我们就可以做到荣辱不惊了。摒弃了人生中的大悲大喜，幸福就好像一股涓涓细流淌进了我们的心田。"平常心"看似简单的背后蕴含着深刻的道理，或许我们需要花费一生的时间才有可能真正感悟到。拥有一颗平常心，它能够让你体会到这变化莫测的季节所独有的美丽，让你感受到幸福。因此，我们说平常心是幸福的心理境界。

# 第四节　痛苦是生命中滑落的流星

## 痛苦带给我们的

在成长的过程中，我们无数次面临着与两年、五年，甚至十年的朋友分别时的场景，每每都忍不住潸然泪下。当我们处在新的环境中慢慢摸索的时候，孤单的情绪便会悄然爬上心头。可是在朋友们不断地祝福和打气中，也渐渐明白了君子之交淡如水的道理，更加地学会珍惜和坚守这些来之不易的友情。于是，痛苦教会了我们为人处世的道理。在众多形式的离别中，亲人的离去会更加让人感到迷茫和绝望。每当看到曾经熟悉而鲜活的生命走到尽头的时候，回忆起与之一同经历的挫折和幸福，撕心裂肺般的痛楚就会顷刻间再次浮上心头。虽然，在无限制的缅怀中，我们终于明白了：逝者已去，生者已矣，更应该坚强起来，因为我们的生活还在继续。于是，在这之后我们懂得更加珍惜身边鲜活的生命，并且连同带着已逝亲人的梦想，坚强地走下去。

所以说，痛苦又一次教会我们如何行走在这光怪陆离的世界上，给了我们永远向前的信念。既然无法避免痛苦，那我们首先就要学会承受痛苦，勇敢面对痛苦。你会发现，当我们坦然面对后，一定会有意想不到的事情徘徊在痛苦的尾巴上。

很多人都认为受苦是一种苦难、打击和损失，不知道痛苦其实也是一种收获和领悟，是生命的再造。一个人的生活得过于顺利，免不了会变得骄傲自大，为所欲为；一个人的生活太过富足，免不了会变得骄奢淫逸，崇尚浮华。倘若生命没有一点波折、一点阻碍，就会很容易沉溺于自我满足的世界里，无法超越精进，而生命的停顿就是死亡。痛苦，虽然会有锥心之痛，却能使我们神志清明，"痛定思痛"之后，培养我们的内涵，修正我们的行为，使我们调适自己，这就是一种进步，一种成长。痛苦，有时候是因为过分放纵自己，舍弃大路而走险径，那出事的概率必然会增加。

我们所犯的错，不论是无心的还是有意的，最后都必须得承受错误造成的痛苦及后果：或是一种教育管制，或是上天带给我们惩处，好叫我们觉悟，能够及时回头。

连续的挫折锤炼了我们生命的弹性和耐力，连续的打击造就我们生命的强大和坚韧，受伤的心灵是为了让我们更能感受到他人的创伤，更贴近人心、更加温暖地拥抱大地。正是因为经历了困难，我们才能了解人的能力有限，才会对上天多一份虔诚和庄重，对生命多一份珍惜与尊重。从小苦小智慧、大苦大智慧中，我们才能感悟出生命的真谛。

每个人的一生，都曾经沐浴过幸福和快乐，也曾经历过坎坷和挫折。面对幸福和快乐，我们总是感觉时间非常短暂；而在面对痛苦和悲伤时，我们只是抱怨度日如年。幸福和痛苦原本就是一对双胞胎，会享受幸福，就要学会承受痛苦。享受幸福时会增强你的成就感，承受痛苦时则会提升你的自信心和忍耐力。

每当我们遇到坎坷、困境时，千万不要悲观失望、长吁短叹、停滞不前，把它当作人生中的一次历练就好。把它看成是人成长中必然存在的常态，会帮助你更好地谱写出自己的精彩人生。

人生是一定要经历坎坷和挫折这些痛苦的。痛苦是成功的向导，不害怕痛苦比渴望拥有幸福更难能可贵。塞翁失马，焉知非福？碰到痛苦的时候，不要有恐惧、厌恶等太多的负面情绪，因为从某方面来说，痛苦对于我们正是一件能磨炼意志的好事。唯有经受住痛苦的考验，才能使一个人变得坚强，变得坚忍。人的一生，幸福带给我们愉悦，痛苦带给我们回味，它们组成了完整的人生。

真正的幸福，我们很容易抛在脑后，可是痛苦的记忆却往往难以忘记。既然痛苦无法避免，而我们又无法抗拒，那为什么不学着面带微笑迎接痛苦的来临呢？时间会告别过去，痛苦也能告别回忆。生活恬淡、心境坦荡才是一种生活的态度。

人生就像奔腾咆哮的江海，有山峰的阻挡，有峡谷的掌控；人生就像漂泊的小船，有狂风吹扯你的航帆，有倾盆大雨拍击你的小船。我们感激那些曾经帮助、关心过我们的人，但我们有双手、双眼，拥有一颗属于自己的心，我们有百折不挠的坚韧品格——就像戈壁沙漠里的杨树，于是，我们有能力独自去微笑着面对周遭的痛苦。

人生就像攀登的山路，布满了荆棘、坎坷和崎岖，摔跤是不可避免的，但痛苦只是暂时的。贝多芬耳聋后，依旧创作出了让人振奋的《英雄交响曲》；海伦在出生时上天就只给了她一个黑暗的世界，她依旧成为举世瞩目的大作家；穷困潦倒的凡·高依旧让向日葵的金黄铺满世界……

# 在痛苦中感悟

每个伟人的背后都是幸福与痛苦并存的，与一般人不同的是，他们在痛苦面前以顽强的毅力、拼搏的勇气微笑着迎接生活馈赠的苦难，可见痛苦只是暂时的考验，痛苦临近了，那么幸福也正在赶来的路上。就像梅花一样，只有经过风雪的洗礼后，才能傲立于枝头，散发怡人的清香。珍珠只有经过海蚌磨砺的痛苦过程，才能造就璀璨的宝珠，发出夺人光彩。海燕只有经过暴风的打击，才能振翅翱翔于蓝天，释放生命的振奋。大自然中的万物尚且都在经历痛苦的过程，迎接痛苦，让生命更显魅力，那么身为万物的一员，同样需要更多的锻炼与自强的机会，多一些磨砺和淬炼，才能迎接幸福的明天。

叔本华曾经说过："生活是一条由炽热的煤炭所铺成的环形道路，唯有心存能者，方忍其痛，怀其志，其途也坦，日也明。"现在，我们需要的是尽量少摔跤和摔倒了之后能自己勇敢爬起来的能力。幸福其实就隐藏于生活的喧嚣浮华背后，它戴着面具还画了脸谱，穿梭在街头巷尾，停泊在港口，偶尔恶作剧，制造些小麻烦，它期待着有人找到它，抓住它，拥有它。

当雷鸣般的掌声响彻赛场的时候，撑杆女王伊辛巴耶娃露出了再次面对成功而绽放的幸福笑靥。人们看到的只是她如玫瑰般的盛开，却没有谁知道她曾面对着一个体操赛场黯然伤神。身高的突然骤增迫使她不得不和体操告别，可她选择了一个更适合自己的发展领域。从此一根长竿，一位绝美的女子，上演着体育王国的一个又一个童话，摇曳在无比灿烂的人生顶端。

没有谁能够一步登天，不论是一块金牌的取得，还是一个人金榜题名或者是事业有成。所有人都是先站在痛苦的边缘，然后开始积蓄足够的能量，经历更多的痛苦，储备更多的人生智慧，等到属于自己的时机一到，会绽放出美丽的人生之花。

# 第五节　那些年，在一起的哭与笑

痛苦与幸福，全凭我们的领悟。我们时常感觉到痛苦，并不是因为痛苦多过幸福，而是因为我们选择了不恰当的方式，让痛苦像脱缰的一匹野马，驰骋在我们生活的每一个角落。人生，好像一棵树，开出缤纷繁多的花朵的时光总是很短暂；人生，好像一口锅，当清新芬芳的龙井茶或者是香甜美味的雀巢咖啡倒进这口大锅里时，味道也会被稀释冲淡；人生，好像日子连缀的百衲衣，平凡的、琐碎的、苦恼的、欢乐的、失落的、希望的、悲伤的、拘谨的……无论缺少了哪一天，缺少了哪一种滋味，都不是完整的人生。平凡，并不等于平庸，没有痛苦，就不是完整的人生。

成熟于逆境，成长于绝境。经历过寒冬的人，更能体会到春天的温暖；走出痛苦的人，更能感知心灵的高度。"化茧成蝶""凤凰涅槃"，全都是经过痛苦的挣扎才蜕变出震撼人心的美丽。

我们每一个人都应该像草一样活着，像树一样生长。既要接受阳光的温暖，也要不怕风雨的洗礼。不论是生长在乡间田野，还是繁华精彩的都市；不论是生长在平原丘陵，还是生长在高山悬崖，都要让自己迅速成长起来。很多人都有过这样的经历：有些时候感到自己特别疲倦、伤心、孤独，甚至厌倦生活。就好像一只在沙漠中驮着重物行走，行走了很久后发觉失了群、迷了路，却找不到水源的骆驼。那个时候，你就会开始怀疑人生、怪罪命运，感觉自己没有力气再去爱任何人，也没办法再去爱这个世界，生活得很痛苦。但是，在痛定思痛之后，哭过、笑过之后，最终醒来，你会发现：你必须要变得坚强起来。你不坚强没有人能代替你勇敢，更没有人能代替你承接痛苦，所以你不得不变得坚强。其实，有一些痛苦，一定要在深思熟虑过后才能想得明白；有一些伤痛，一定要自己包扎才能愈合；有一些想法，只要稍微转换个角度就会有不一样的效果。只有经历磨砺的人生才能有更深刻的内涵，有些黑暗只有穿过，才能用豁达坦荡的态度积极地的去面对生活，有些痛苦只有在尝试过后，才会用平和宁静的心去拥抱人生。

一旦感悟人生，所有的痛苦都将会过去，就算你保留过去，时间也会将它带走。

# 因为快乐，所以幸福

曾有一首歌是这么唱的："你快乐吗？我很快乐！只要大家和我们一起唱。快乐其实也没有什么道理，告诉你，快乐就是这么容易的东西！"名声和财富更宝贵的是一个人发自内心的快乐。

拥抱快乐，人人皆有机会，只是唯有耐心耕耘的人才能收获。拥有崇高理想并努力为之奋斗的人是幸福的；面对周遭事物而感到满足的人是幸福的；对自身事业、家务和日常小事皆怀有一颗爱心尽力去做的人是幸福的；拥有爱情的人是幸福的；使他人快乐的人是幸福的，幸福存在于不断追寻的过程中。

唯有用心做事的时候，人才会感到幸福，把快乐当成一种习惯，你的人生也会变得精彩富而有魅力。

实际上，一个人真正的幸福不是他拥有的多，而是他计较的少；遇事时退一步，海阔天空；待人接物时忍耐一时，风平浪静；与爱人相处时让一分，细水长流；多一些欢乐，少一些烦恼；放下世间的仇恨和烦恼，便可得到无穷的幸福；幸福就会围绕着你，关照着你。真正的幸福源自于心灵，有涵养的心灵才能带来真实的幸福感。幸福也是会传染的，和快乐的人在一起，你就会感觉快乐。

幸福感犹如香水，将它洒向他人时，你也能沾其芳香。"你快乐，所以我快乐！"这是幸福的最高境界！

在人生的漫长道路上，我们的内心需要包容接纳的东西太多太多了，不妨学习向日葵的向上的精神。它是一种生命力极强的植物，在没有阳光时，它就将茎叶斜伸出直到让花朵接触到阳光为止。在初夏的夜里，你能看见它在支架上攀爬，将自己拉到一定的长度，就像一条小青蛇向前迅速地爬去，好像在贪婪地追逐猎物一样。在人生的道路上，永远没有平坦的大路可以走，充满了失意、失败和挫折。倘若我们在心中种上一株向日葵——种上它的精神，不论遭遇痛苦还是失意，这种精神都会让我们的创伤慢慢愈合，取而代之的一定是一种积极的力量。

幸福是一种沉淀和忍耐，是痛苦过后的精神升华，更是痛苦过后的精神收获。

# 体会痛苦，迎接幸福

每个人的一生都是在痛苦和快乐的交织中度过的。我们厌恶痛苦渴望幸福，可是痛苦总是挥之不去，幸福却是久觅不得。痛苦是收获幸福前的阵痛，没有痛苦我们就无法感受快乐。痛苦和幸福是一对孪生姐妹，二者密不可分。如果没有痛苦，就不会感觉到快乐的珍贵；如果没有幸福，痛苦也就失去了存在的意义。但是，人们常常喜欢把痛苦甩得远远的，而此时幸福也将变得无处寻觅。久寻不得后，痛苦又会回到自己的身边，其实，幸福与痛苦就是相对存在的。什么时候，人会感到痛苦呢？想要得到却又偏偏失去，人自然会觉得痛苦；想要获得进展，拼搏努力却没有任何结果，这时人也会觉得痛苦；对现实无法忍受，努力也无法挣脱现状的束缚时，人也会觉得痛苦。痛苦和幸福总是在相互交替中循环往复。

在人生的长河中，一个人不可能总是处在痛苦的深渊，也不可能总是浸于幸福之中。人永远都是生活在痛苦和幸福的边缘，没有痛苦就觉察不到幸福。没有痛苦只有幸福，幸福也会变得索然无味；没有幸福只有痛苦，痛苦也就让人变得麻木了。

我们的痛苦源自我们错误的认知，然而更正错误的认知只有一条途径，那就是经历痛苦，这是我们成长的必经之路。只要我们仍然有错误的认知，我们的生活就会不断地出现痛苦，直到我们对人、对人生、对世事有了足够清醒的认知为止。

就像盲人摸象，关于人世间的一切事物，我们看得太过于片面，才导致了对错误事物的盲目追求。于是就让我们产生了痛苦。我们好像是形状不规则的石头，不断受到河水的洗礼，直到我们被磨圆为止，我们的幸福也就随之而来了。

实际上，此时宣称自己活在痛苦中的人，大部分都是些年轻人；而那些饱经风霜的老人，却很少抱怨自己痛苦。主要是因为痛苦是人的一种主观感受，虽然这些感受都是由外部环境引起的，但追根溯源还是由人对事物的看法产生的。年轻人未经世事磨炼，一点点的挫折就叫苦连天，而老人却饱经世事，虽然历经磨难，却看得开，看得淡，稳得住。

幸福不仅是理想实现后获得的满足，更是在追求理想和获得满足感的过程中。这一过程中，拼搏后留下的汗水，失败后流下的泪水；失落时朋友的安慰，快乐时朋友的分享……这些事情的发生，或许并不是我们一开始就想要的，但是，一旦我们真正了解后，就会发现，其实这些过程才是最有价值、最有意义的，就像每个伟人成功的背后都要经历漫长的痛苦一样。

人生就像在大海上航行的船，痛苦就像是一阵强劲的暴风骤雨，迫使船只朝着既定目标加速前进。

倘若调整好方向，那么痛苦必定会助你一臂之力；反之，则会推着你离幸福的彼岸越走越远。所以，当我们奋斗在理想之路上的时候，遇到痛苦，反而应该高兴。因为此时的痛苦是帮助我们牵手幸福的朋友，只要我们牢牢地把好舵，终将抵达幸福的彼岸。

# 第 4 章

## 名利与地位的包袱: 常怀知足之心

司马迁曾在《史记》中说过:"天下熙熙皆为利来, 天下攘攘皆为利往。"除了"利", 在世人的心中最看重的就是"名"了。人生在世, 最佳的活法就是淡泊名利。

# 第一节　名利生命，不可承受之累

## 面对名利，从淡泊开始

居里夫人曾说过："荣誉就像玩具，只能玩玩而已，绝不能守着它，否则将一事无成。"名利网，名利场，几经较量，几多迷茫。名利是帆，名利是墙，几经奋斗，几多沮丧。名利是一个古老的哲理，一个常新的选题，世上本没有不求名利的超人，只有善待名利的智者。在名利面前，人们的态度大体分为两种：一种是追名逐利，一种是淡泊名利。不同的名利态度，决定了不同的人生。

追名逐利的人，其人生的期望和关注点往往聚焦在地位、房子、车子和金钱上，他们的志趣和人生目标，是如何获取更大的名望、更高的官位、更多的房产、更多的钱财……

为了达到这些，他们会费尽心思、曲意奉承、攀高结贵、不择手段、不惜人格，甚至踩着法纪和道德良心的底线工作、生活着。所以，他们一生都摆脱不了担惊受怕、患得患失的心理，终日处于焦虑不安、浮躁烦恼之中，在谋取了过多的功名利禄时，也饱尝了违心、苦闷、沮丧、恐惧的苦痛……他们奉行的人生观和价值观，也许是"不求天长地久，但求曾经拥有""今朝有酒今朝醉，哪管明天是与非"，这无非是一种极端利己主义和享乐主义的人生。

淡泊名利的人，不是没有功名利禄之心，但他们在追求和获取的态度上不是采用急功近利、损人利己、损公肥私的手段，而是顺势而为、公平竞争，取之有道，得而无愧。所以，他们活得坦然，活得真实，活得自在，活得宽朗，活得博识，活得自重，活得自爱。他们谦卑礼让、仁厚大度、博学睿智、诚实守信，对事业讲忠、对父母讲孝、对家人讲情、对朋友讲义，是非常具有人格魅力的。他们在做人做事方面都严格遵守着道德底线和法律底线——危害国家和人民利益的事情绝不做，损公肥私、害人害己的功利决不允许，对不学无术、沽名钓誉、欺世盗名、寡廉鲜耻、自私自利、无情无义的品行深为不耻。

这种安贫乐道、淡泊自守、不求名利的境界，是一种纯粹的、高尚的、脱离了低级趣味的、有益于社会和人民的人生态度。

正是这两种对名利的态度，决定和铸造了两种不同品位和格调的人生。毋庸置疑的是，淡泊名利的人受人青睐、尊重和推崇。淡泊才能轻名利，宁静方能达致远。不然，成不了大才、成不了大事，更成不了完整的"人"。古人有云：宠辱不惊，闲看庭前花开花落；去留无意，漫随天外云卷云舒。可是，在竞争日益激烈的当下，诱惑日趋纷繁的社会里，坚守道德节操、淡泊名利也并非易事，只有树立远大理想和人生目标、乐于奉献的人，才可能经受得住各种诱惑和考验，最终顽强地坚守住自己的道德准则和理想信念，用淡泊的情怀谱写出高尚的人生。每一杯过度的酒都会沦为魔鬼酿成的毒汁，过分的贪婪会成为幸福的刽子手。面对名利，从淡泊开始。

# 正确地追逐名利

不可否认，在市场经济的作用下，"名利"二字逐渐被渲染了过多的功利色彩，不再透明和纯正，导致良莠并存、真假难辨，所以混淆了人们的视听，误导了一些人正确的人生方向。

事实上，名利本身并没有过多的不光彩内涵，只是成功和荣誉的表象。不论是功成名就还是金榜题名，都是杰出人物、劳动模范的典型代表，都意味着要经过长期的艰苦奋斗，在各自平凡的工作岗位上创造出不平凡的成绩，为国家、社会和人民做出不平凡贡献，从而赢得人民、社会和国家的认可。嘉奖和表彰，应该是实至名归、表里如一。这也是为了突显对劳动、智慧和奉献的尊重，其最终目的是为了激励、引导和鼓舞更多的人爱岗敬业、拼搏奉献、开拓创新、为国争光、为民谋利。这样看来，名利其实是能力的升华，奋斗的奖赏，智慧的结晶，创造的犒赏，贡献的王冠，具有一定的客观性、公正性、先导性和示范性，所以是值得尊重、提倡和赞誉的。

追根溯源，社会上种种不正的风气，尽管形态、表现各异，但终究还是逃脱不了自觉或不自觉、有意或无意、主动或被动的功利的多样源头—追名逐利。所以，我们每一个人，一定要对追求名利的目的加以科学的界定和明晰的区分，来引导人们科学地认识名利、正确地对待名利、理性地赢得名利，坚决反对追名逐利。显而易见，正是由于名利外在的荣耀和光环，在我们惊叹和艳羡中，一些人开始扭曲名利，贪恋名利，进而想方设法追求名利，以至于不择手段、弄虚作假，最终只能是机关算尽，钱财皆空。殊不知，名利和主观欲望完全没有直接的关联，名利不是想来和争来的，而是通过实干、奋斗、智慧、创造、拼搏和贡献赢取来的。

就像鲁迅先生的告诫："社会上崇敬名人，却忘记了他之所以得名是那一种学问或事业。"所以，追逐名利那趋之若鹜的心态和行径曲解了名利的含义。

# 第二节　淡泊名利，重获自由

## 名利是把双刃剑

名利面前，品格不同的人就会有不同的态度：品德高尚的人不看重世俗的虚名；信念坚定的人对别人的荣誉毫不上心；刚正不阿的人认为名利应当与价值相称，谦虚谨慎的人遇见了名利则会尽量躲避；爱慕虚荣的人会急切渴望荣誉的外在光环；目光短浅的人会徜徉在名利的海洋上不思进取。

方仲永 5 岁的时候，便能指物作诗，很是了不起，便理所当然地的被称为"神童"，不出数日就名扬乡里。于是，他的父亲便充当了"利"的角色，以儿子为资本，到处骗吃骗喝。很多年过去了，方仲永因为不思进取，变成了和一般人没什么区别的普通人，真是可悲又可惜。悲哀的是一位天才之星的陨落，可惜的是大好前途却因被名利蒙蔽而毁。

名利就像是立在路边的里程碑，就像是珠穆朗玛峰上的标杆，是旅行者的希望，是登山者的梦想。旅行者看到了里程碑，登山者看到了标杆，他们的心中便油然而生出一种成就感—事实证明了他们达到了一定的高度，这个不断地激励着他们去追求更远和更高的目标。没有谁会守株待兔般地靠在里程碑上追寻往日辉煌，也没有谁会站在某一中途就狂欢雀跃，因为在远处还有更多的里程碑，更高处还有更高的标杆，正等待着他们去挑战。可是坚守着名利聊以自慰的却大有人在。他们被那一种荣耀，被一纸证书遮住了眼前的景色，便一叶障目地以为自己已经站在某一个顶峰上，即便眼前是缭绕的云雾—虽然他们自己也怀疑过，但是，他们还是满足地躺下，开始享受起那些并不真实存在的名利，就好像是饥饿的人扑在了面包上。久而久之，健壮挺拔的身躯也开始发福走样，往昔的斗志全部付诸东流，一颗星也就这样陨落了。

有人曾经说过，科技是把双刃剑，名利亦是如此。它可以将你推上成功的顶峰，也可以将你推下痛苦的深渊。"运用之妙，存乎一心"，心正则人正，心明则人明，心中无杂念，名利便如过眼云烟，只是浮云；心中杂念愈多，名利就如守财奴的财富，你就成了名利的奴隶。西楚霸王项羽早前叱咤风云，所向披靡。而在称霸之后，就兵败如山倒，屡屡如丧家犬，最后落得个自刎于乌江的下场。

毛泽东有诗云"不可沽名学霸王"，就是对历史的警醒，也是对改朝换代的功臣们的警告，他的明智让人折服。

据说清朝乾隆皇帝下江南的时候，有一次来到了江苏镇江的金山寺，看到山脚下大江东去，百舸争流的景象，不禁兴致大发。他问当时的高僧法磐："你在这里居住了几十年，长江中船只来来往往，如此的繁华，你可知道这一天下来到底要过多少条船啊？"法磐回答："只有两条船。"

乾隆惊诧地问："怎么会只有两条船呢？"

法磐说："我只看到了两条船。一条为名，一条为利，整个长江中来来往往的无非也就是这两条船了。"一语就道破了天机。

司马迁曾在《史记》中说过："天下熙熙皆为利来，天下攘攘皆为利往。"除了利，在世人的心中最看重的就是名了。许多人辛苦奔波，从名和利出发，作为最基本的人生支点。利当然是社会发展中最有成效的润滑剂，但千万不可过于看重名和利，过于为名和利奔波不息。伴随着市场经济的发展，我们每个人都生活在追求效益的环境里，如果说完全不讲名利，那也是不可能的，但应该正确对待名和利，最好是"君子言利，取之有道；君子求名，名正言顺"。也就是说，君子所追求的名与利，通过正当的途径获得，那么用着这些财物也会心安理得。

# 不因名利迷失自己

名利是无止境的，只有适可而止才是明智之举，这样才能知足常乐。如果整日里为名利所连累，就会万事忧心，不得安宁了。知足者能看透名利的本质，心中拿得起就放得下，心境自然也宽阔许多，就像庄子对于名利的观点：淡泊是真。

淡泊名利，是做人的最高境界。没有包容宇宙的胸怀，没有洞穿世俗的眼睛，是很难做到的。庄子在《逍遥游》里面，讲述了这样一个"尧让天下于许由"的故事。我们都知道，尧被中国古人认定是圣人之首，是天下明君贤主的代表。许由，是传说中一名身居山林的高人隐士。

尧很认真地对许由说："日月出矣，而爝火不息，其于光也，不亦难乎！时雨降矣，而犹浸灌，其于泽也，不亦劳乎！"当太阳月亮都出现的时候，我们还打着火把，和日月比光明，不是太难了吗？及时的大雨落下来了，万物都已经受到甘霖的滋育，我们还挑水一点一点地浇灌，对禾苗来说，不是徒劳吗？尧很诚恳地对许由说："先生，我看到你就知道，我来治理天下就好像是火炬遇到了阳光，好像是一桶水遇到了天降甘霖一样，我是不称职的，所以我请求把天下让给你。"许由淡淡地回答："你把天下已经治理得这么好了，那么，我还要天下干什么？我代替你，难道就图个名吗？'名者，实之宾也，吾将为宾乎？'名实相比，实是主人，而名是宾客，难道我就为了这个宾客而来吗？还是算了吧。"许由接着说了一个很经典的比喻："鹪鹩巢于深林，不过一枝；偃鼠饮河，不过满腹。"他的意思是说，一个小小的鸟在森林里面，即使有广袤的森林让它栖息，它能筑巢的也只有一根树枝，一只小小的田鼠在河里饮水，即使有一条汤汤大河让它畅饮，它顶多喝满了它的小肚子而已。许由拥有这样宁静致远的淡泊心智，实属难得，而且连天下都可以推辞让出去，这是一种多么博大的境界和情怀。

人生在世，最佳的活法就是淡泊名利。人一旦出了名，就会招人嫉妒，受人白眼，遭受排挤，甚至还会因此种下祸根。就像古语所说的："木秀于林，风必摧之；堆高于岸，流必湍之；行高于人，众必非之。""利"字头上一把刀，既会伤害自己，又可能伤害到别人，小利既伤和气又失大利。如果认为个人利益就是一切，那么便会丧失生命中一切宝贵的东西。

伟大的作家托尔斯泰曾经讲过这样一则故事：从前有一个人，他想得到一块土地，地主就对他说，清早，你从这里向外跑，跑一段就插个旗杆，只要你在太阳落山前赶回来，插上旗杆的地都归你。那人就拼命地跑，太阳偏西了还不知足。太阳落山前，他是跑回来了，可是人已经精疲力竭了，摔了一个跟头就再也没爬起来过。于是就有人挖了个坑，就地埋了他。牧师在给这个人做祈祷的时候说："一个人要用多少土地呢？就这么大。"

人生的懊恼皆是因为你得不到想要的东西。实际上，我们辛辛苦苦地奔波，最终的结果不都只剩下埋葬我们身体的那一点儿土地了吗？伊索说得对："许多人想得到更多的东西，却把现在拥有的也失去了。"可以说这句话是对得不偿失最好的诠释了。人的一生很短暂，一个人这一辈子能吃多少饭呢？能占多大的面积呢？人在床上一躺，你睡觉的地方也就这么大，不论你住的是 300 多平方米的别墅，还是 1000 多平方米的豪宅，实际上需要的空间跟别人都是一样的。

# 第三节　地位的包袱有多重

## 不要因欲望让自己的心灵负重

为了让自己获得幸福，为了家人也得到幸福，很多人只知道拼命地工作、赚钱，在得到金钱、权力、地位、荣誉的同时，他们也失去了一些东西。在漫长的人生旅途上，你会遇到无数个驿站。每一个驿站都有

供劳累的旅客休息的地方，休息的同时，人们也会享受到这一阶段应有的幸福。可是，总会有一些人，为了追逐欲望的快车而马不停蹄地赶路，最后，欲望的快车没追上，还错过了拥有幸福的机会。欲望和我们总是保持着一段距离，只是贪婪的人过于自负，总以为得到的不够，总以为能得到更多的东西，却从来不知道回头看看丢失了什么珍贵的东西。

所以，当我们在纸醉金迷的物欲世界中迷失自己的时候，应该重返童话世界，在那个理想王国里，生存着一群最简单最快乐的人，他们没有过多的奢望，却拥有足够的欢笑。更重要的是，在童话的世界里，我们渐渐了解到欲望的本色越淡，幸福的味道就越浓。于是，我们学习了一门新的人生课程：减法。只有领悟人生减法的真谛，才能在生活中运用自如。当欲望铺天盖地袭来时，我们能够镇定自若地将它们做一番"驱除"，减去不必要的部分，剩下的就是恰到好处、近乎完美的人生。

在童话的国度里，流传着这样一则故事。一天，小猴子出去玩儿，不知不觉中走到了一片田野的旁边，看到了密密丛丛的玉米地，成熟的玉米暴露在了外面。小猴子非常高兴，就去掰了一个玉米，扛在肩上离开了。它边走边想，今天的晚饭有着落了，心里美滋滋的。走着走着，不一会儿又到了一片桃园，又大又红的桃子挂满枝头，鲜嫩欲滴，小猴子看得直流口水。于是，它扔了玉米就去摘桃子。小猴子捧着一堆桃子继续往前走，心里别提有多高兴了。因为这些桃子够它吃好几天的了。又过了一会儿，小猴子来到了一片西瓜地前，看到地里结满了又圆又大的西瓜，于是，它把桃子全扔了，摘了一个最大的西瓜。比起桃子来，它觉得西瓜更好吃。渐渐的，天色暗了下来，小猴子终于走累了，就在路边休息。这时，一只小兔子跑了过去，小猴子又惊又喜，连忙去追小兔子，追了好久好久，可是小兔子跑进大森林里就不见了。此时，周围已经是漆黑一片了，小猴子无奈地坐在地上，它迷路了。想起玉米、桃子和西瓜，再听着肚子"咕咕"的叫声，小猴子终于忍不住哭了……

这则故事，想必大家已经是耳熟能详了，也许，每个人在童年时代，都听过这样的一则故事，尽管不一定完全相同，但都是大同小异。随着时光的流逝，我们在生命的旅途上成长、成熟、成功。当我们无休止地追求这样或那样的欲望时，又有谁会记得当初的童话呢？有些人像故事中的小猴子，在迷路后总是无奈地哭泣，可是，那时的他还会想起当初接受过的启蒙教育吗？其实，最简单的故事往往最受用，小故事中蕴含着大道理，看似成熟老练的人们可以对幼稚的童话故事不屑一顾，但倘若忽视其中成熟的道理和做人准则，就说明这个人还不够成熟。

## 快乐其实是简单的

在生命初始，童话故事为每个人开辟了一个理想王国，在这个王国里，善良的人总是无忧无虑地生活着，邪恶的人一定会受到应有的惩罚。

倘若我们细心观察一下那些善良的人们，就会发现他们的快乐都有一个共同的特点：简单。同理可证，那些思想简单、没有过多欲望的人往往是最快乐的，在他们的心里，单纯、率真就是快乐的源泉。可是，理想王国终究是存在于理想中，现实中的人们，在弥漫着欲望的气息中已经迷失了方向。因为欲望，人们无休止地增加自己的负担，哪怕是累得喘不过气来，也要不断攀登一座又一座的欲望高峰。最终，他们在获得了丰富的物质满足之后，精神领域却变得无尽空虚。

生活中，阿园和老婆都是工薪阶层，都在一家企业工作，阿园的月薪是 3000 元，老婆的月薪是 2500 元。因为收入有限，夫妻二人对物质生活并没有太多的奢望。他们无房无车，过日子也精打细算，结婚第二年小孩儿就降生了，那时候，三口之家充满了温馨和快乐，日子过得其乐融融。去年，阿园辞职后应聘到了一家实力雄厚的大企业。这时，阿园的月薪已经达到了 10000 元，而且，除了基本工资外，每月孩子的医疗费用也报销一半。这样的待遇让阿园感到满足，他觉得自己一个人工作已经完全可以养家。于是，他决定让老婆辞职，在家里专心带孩子。

转瞬间就快过年了。阿园想，这次回老家可以好好炫耀一番了。当阿园把自己的成就说给亲友听时，他们都流露出了羡慕的目光，阿园开心极了。只是，鞋穿在脚上舒服不舒服只有自己才知道，外表光鲜的阿园，也有自己的苦衷。原来，自打阿园换了工作、涨了工资后，欲望就像吹气球一样膨胀起来。他不再满足于住在租来的房子里，就买了一套房子，在朋友的帮助下，交了首付款，继而贷款，需要15年还清，每月雷打不动的是定期交房贷。

当然不能亏了孩子，每月用于给孩子购买奶粉及营养品等的各项支出，同时还添置了各种家用电器，其中更不乏名牌产品，日常水电开支也是大手笔，这样算下来，阿园彻底变成了月光族，不得不放弃旅游、摄影等爱好。阿园在新的单位，虽然工作累了些，但有一份较高的薪水，本来是值得高兴的，但没想到的是，经济条件改善的同时，幸福却渐渐远行了。每当阿园想起还有几十万贷款和派生出来的利息，常常感到压抑，活得着实辛苦。阿园和老婆开始怀念从前他们月薪不多的日子。虽然挣钱不多，但是他们没有压力、烦恼，活得惬意，比现在要幸福得多。

为什么挣钱多却不如挣钱少幸福呢？其实，人们在赚到更多钱的同时，也在不知不觉中衍生出了更多的欲望。可以说，金钱是欲望的催化剂，对一个贪婪的人来说，多赚100元，在潜意识里就会产生购买价值200元物品的欲望，赚到的钱越多，欲望值增长得也越快，而欲望值的增长速度会远大于实际赚钱的速度。随着欲望的飞速膨胀，需要付出的辛苦就会越来越多，身上的压力也会越来越大，如此一来，在奋斗的旅途中必然会感到疲劳不堪。设想下，看到别人两手空空地走路，而自己肩上却扛着一块大石头，那是何等的不幸。所以，在适当的时机，就要学会抛开肩上沉重的包袱，这样才能挺直脊梁走路。况且，轻装上阵的人才会感觉无比轻松和舒服。

# 第四节　地位容易让人迷失心智

许多时候，人一旦步入社会，必然会受到世俗的干扰，慢慢地忘记自己原来奋斗的初衷，开始随波逐流，甚至有时候找不到快乐和幸福。我们热衷于赚钱，很大程度上是受到了别人对金钱态度的影响。别人认为赚钱是最重要的，于是，我们便疯狂地工作、奋斗，实际上，更多时候只是为了让自己在别人眼里看起来有价值。那么，我们自己真正需要的，谁又来满足呢？一个人如果每顿饭都吃一样东西，就算是山珍海味也会吃到厌烦。同样的道理，倘若人一辈子除了赚钱而没有其他的追求，难么，这样的人生也必定是单调乏味的。尝试着放弃一些权势地位，追求一些其他的东西，让生命丰富多彩起来，生活也就变得更有乐趣。

## 三个足够充饥的苹果

一位作家因为写了一本畅销书而一夜走红，从此，他的世界就发生了翻天覆地的变化。每天，他都要接待大量的读者、记者来访，还经常出席各种公共活动，忙得不亦乐乎，却又感到生活很疲惫，大量的应酬给他平添了诸多的烦恼，渐渐地，他感到苦不堪言，便前去请教一位年老的禅师。

作家对禅师说："师父，为什么我自从出名以后就觉得越来越疲惫了呢？感觉身上好像背着一个大包袱，让我喘不过气来。"

禅师问作家："那你每天都在忙些什么呢？"

作家如实回答："一天到晚都在参加各种社交活动，去各大学做演讲，接受媒体的访问，去电视台参加录制活动，同时还要改稿写作。师父，我实在是活得太累太苦了。"

这时，禅师突然打开衣柜，对作家说："我这一辈子买了许多华丽的衣服，你把这些衣服都穿在身上后，就能从中找到答案了。"

作家听从了禅师的话，把这些衣服一件一件地穿上，大约穿了七八件衣服后，作家感到身上很沉重，胸口也越来越闷，透不过气来。可禅师仍旧让他继续往身上穿衣服，作家很是无奈，又套上几件，最后实在受不了了，就对禅师说："师父，不能再穿了，着实是太难受了。"

禅师平静地的说："你知道难受了？你现在的生活就是这个样子。"只见作家一脸迷惑，禅师接着说："你穿上一件衣服就已经足够了，穿的越多，身上的负担就越重，你也会越不舒服。你是一个作家，不是一个外交官，也不是一个演说家，为什么还要去扮演外交官、演说家的角色呢？你之所以去做一个外交官、演说家的事情，是因为你的欲望太多了，欲望越多就越累赘。"

之后，禅师给作家讲了一件他亲身经历的事情。

从前有个年轻人问："禅师，人的欲望是什么？"禅师看了一眼年轻人，说："你先回去吧，明天中午时分再来，切记不要吃饭，也不要喝水。"尽管年轻人并不明白禅师的用意，但还是照办了。第二天，他再次来到了禅师面前。

"你现在是不是饥肠辘辘、口渴难耐呢？"禅师问。

"是的，我觉得现在一定能吃下一头牛，喝下一池水。"年轻人舔着干裂的嘴唇回答。

禅师笑了："那好，你现在就随我来吧。"

二人走了很长一段路，来到了一片果林前。禅师递给年轻人一只硕大的口袋，说："现在你可以到果林里尽情地采摘鲜美可口的水果，但一定要把它们带回寺庙才可以享用。"说罢转身离去。

黄昏时分，年轻人扛着满满的一袋水果，步履蹒跚、汗流浃背地走到禅师面前。

"现在你可以享用这些水果了。"禅师说道。

年轻人迫不及待地伸手抓过三个很大的苹果，大口大口地咀嚼起来。霎时间，三个苹果便被他狼吞虎咽地吃了个干净。年轻人摸着自己鼓胀的肚子疑惑地看着禅师。

"你现在还口渴吗？"禅师问道。

"不，我现在什么也吃不下了。"年轻人说。

"那么，你这些千辛万苦背回来却没有被你吃下去的水果又有什么用呢？"禅师指着那剩下的几乎是满满一袋子的水果问。

作家恍然大悟，原来对每个人来说，其实真正需要的仅仅是三个足够充饥的"苹果"，而多余的东西只不过是些毫无用处的累赘罢了。同理可得，在一个人的职业生涯中，只追求属于自己的东西，做自己力所能及的事情，这样才能做得最好。人的时间和精力都是有限的，为了追求更多的东西而忙碌，必定是苦不堪言。不如把那些不属于自己的东西统统抛弃，做回原来的自己，做自己最应该做的事情。

后来，作家推掉了各种各样的应酬活动，专心致志地在家里写作。他的生活又恢复到了原来的平静，同时也找回了久违的幸福。

# 抵住诱惑不去做什么

一家由五家体育器材厂合并而来的公司，合并时资金只有2000万元，但是负债却高达1亿元，而旗下的体育用品更是应有尽有，从滑翔机、篮球架到帆船板，可谓"海陆空"齐全。只是产品种类越来越多、越来越丰富，可效益却越来越差，利润也越来越少。公司的负责人都在苦苦地思索：怎样才能走出困境，将企业做大做强？总经理做出了一个大胆的决策：砍掉99%的产品——将上百个产品商标、几千种产品减少到几十种，集中发展留下的只占1%的乒乓球产品。这样一来，产品质量大幅度改善，单价得到了提高，从1995年成立，到2005年的10年里，其商品价格在国际市场上翻了 4 倍以上，卖一套乒乓球产品的利润就相当于卖一套家具的利润。国际桌球器材的产品标准一向都是欧日企业说了算。为了抓住更大的商机，这家公司的负责人决定打造新的国际标准。他们通过设立百万元基金，调动公司的技术精英成立了一个"大球项目组"，和国家体育局科研所合作研发新产品。

经过无数次的选料、试验、模拟击球实验，在 1999 年年初，公司研制出属于中国的 40 毫米直径的乒乓球。由于中国乒乓球运动的实力在全球数一数二，所以，当中国国家队队员拿着自己的产品进行全球演说时，竟说服了国际桌球联盟将这家公司的标准确定为临时的国际标准。此后的 10 年间，这家公司赞助了中国国家队 18 次国际顶尖赛事，多届乒乓球国手成为该公司的特约球员，他们的产品几乎成为世界冠军的专用运动领导品牌。这家公司就是上海红双喜运动器材公司，凭借着聚焦经营，近 5 年的利润以每年 25% 的幅度增长，年销售额超过 3 亿元。这就是砍掉 99% 的产品的结果创造了业界神话的故事。

如此说来，对追名逐利的人来说，最困难的不是拼命去做什么，而是能抵住诱惑不去做什么。正如一位名噪一时的企业家所反思的那样："不该挣的钱别去挣，天底下黄金遍地，不可能尝遍。这个世界的诱惑太多，但能克制欲望的人却不多。"人们常说的一句话："贪多嚼不烂。"一个人和一个企业一样，与其在多类事物中浅尝辄止，不如专心致志地做好一件事情。一方面，我们要懂得舍得是富有的开始；另一方面还要懂得成功贵在专一。

幸福是人类社会追求的最高境界。但是，幸福的前提是知足，知足者才能常乐。一个把名缰利锁看得过重的人，注定是不幸福的。要想得到真正的幸福，就必须学会看淡尘世的物欲、烦恼和名利。

倘若你喜欢武侠小说，那么就没有必要愧对于《红楼梦》；倘若你喜欢的人突然销声匿迹，那么你也没有必要寻死觅活地断言他一定潇洒快活地找到了另一种幸福；倘若亲人、朋友遭遇不幸，那么你也没有必要怨天尤人；倘若你已经身心憔悴，那么你也没有必要仇视别人的健康。总之，当我们坦然面对一切时，幸福就在心里。能把名利得失置之度外、凡事都能以诚相待的人，一生必定是幸福的，因为他们容易满足。

在生活中，不同的人也有不同的幸福，乐山乐水各不相同。喜静的人可以看书、听音乐、上网、写作、画画、摄影、观鸟、搜集各种收藏品……喜动的人不妨跳舞、慢跑、爬山、游泳、去健身……这些事情在有些人看来是平淡、琐碎，甚至是无聊的，但是对知足常乐的人来说，其中却蕴涵着莫大的乐趣。人生苦短，岁月如梭，乐天知命，善待自己，这就是知足常乐者的人生信条。

# 第五节　名利与地位皆是生命之浮云

## "无欲"是人生幸福的首要条件

人生长则百年，短则数十寒暑，又有什么可值得炫耀的呢？不过都是过眼云烟而已。人生如月，月满则亏，凡事又岂能尽如人意，只求无愧于心。无愧于心，如恩同再造，那些得失根本不值得一提。唯有知足，才应该是我们孜孜不倦地追求。与"知足者常乐"相呼应的是"知福者高寿"。从古至今，凡是高寿者多数是清心寡欲的人。我们所熟知的老子，一生都在倡导清静无为，相传他活了160多岁，成为"知福者高寿"的典范。

清代养生家石成金曾写过一首《知福歌》：

人生受尽福，何苦不知足。思量愚昧苦，聪明就是福。

思量饥寒苦，饱暖就是福。思量负累苦，逍遥就是福。

思量离别苦，团圆就是福。思量刀兵苦，太平就是福。

思量牢狱苦，自在就是福。思量无后苦，有子就是福。

思量疾病苦，健康就是福。思量死去苦，活着就是福。

　　苦境一思量，就有许多福。可惜世间人，几个会享福。

　　有福要能知，能知才享福。我劝世间人，不要不知福。

　　石老先生的话，朴实无华，耐人寻味。人只要能活到这份心境上，肯定能长寿。人们对于幸福的认知各有不同，有的认为有钱就是幸福，有的认为工作就是幸福，还有的认为家庭和睦才是幸福。自古以来，一切贤哲都主张修身养性，以保持精神上的愉悦为幸福，故而才有"大德必得其寿"的说法。

　　周游列国却屡不得志的孔子，以"君子坦荡荡，小人长戚戚"为养生方法，享年73岁；杭州为官的白居易，以廉洁奉公为做官之道，当地人送他两块"天竺石"，他用"惧此两片石，无乃伤清白"以此为戒，享年75岁；众所周知的刘墉，为官清廉公正，做人择善纳福，一生无私无畏，于嘉庆九年安然离去，享年85岁；清代著名的画家、诗人郑板桥曾担任县令，是位廉吏，后辞官以卖字画为生，享年73岁，他写过一首诗："乌纱掷去不为官，囊橐萧萧两袖寒。写取一枝清瘦竹，秋风江上作渔竿。"如此看轻功名利禄，心情恬静，自然有利于福寿延年。真正福至心灵的要算庄子，在人均寿命只有30年的先秦时代，竟然活到了83岁。他在《庄子·天道》篇中写道："无为则俞俞，俞俞者，忧患不能处，年寿长矣。"意思是说，一个从容自得、清心寡欲、泰然自若的人，任何忧愁病患都不可能在他身上停留，所以他能延年益寿。这大概就是现代人所说的"心理健康"。所以说，"无欲"是人生幸福的首要条件。

　　曼谷的西郊有一座寺院，因地处偏远，所以一直很冷清。原来的住持圆寂后，一位叫索提那的法师来到寺院做新住持。初到时，他绕着寺院巡视了一番，发现寺院周围的山坡上到处长满了灌木。那些灌木呈原生态生长，树枝恣肆而轻狂，看上去随心所欲，毫无章法。索提那找来一把园林修剪用的剪刀，时不时地去修剪一棵灌木。一晃半年过去了，那棵灌木被修剪成一个半球的形状。众僧侣们不知住持意欲何为，就问索提那法师，他却笑而不答。这天，寺院来了一位不速之客。来者衣着光鲜，气度不凡，法师接待了他。经过寒暄、让座、奉茶之后，来者说自己路经此地，只因汽车抛锚了，司机正在修车，所以顺便进寺院来看看。法师陪来者四处转了转。行走间，客人向法师请教了一个问题："人怎样才能清除掉自己多余的欲望呢？"索提那法师微微一笑，折身进内室拿来那把剪刀，对客人说："施主，请随我来！"索提那法师把来客带到寺院外的山坡。客人看到了满山的灌木，也看到了法师修剪成型的那棵半球形状的灌木。法师把剪刀交给了客人，说道："你只需经常像我这样反复修剪一棵树，你的欲望就会消除。"客人不解地接过剪子，走向一丛灌木，"咔嚓咔嚓"地剪了起来。一壶茶的时间过去了，法师问他感觉如何。客人笑笑，说："感觉身体倒是舒展轻松了许多，可能日常堵塞心头的那些欲望好像并没有放下。"法师颔首说道："刚开始的时候都是这样的。经常修剪，就会好的。"客人走的时候，跟法师约定他十天后会再来。法师不知道，来者正是曼谷最享有盛名的娱乐大亨，近日他的生意遇到了以前从未有过的难题。十天后，大亨来了；二十天后，大亨又来了……三个月过去了，大亨已经将那棵灌木修剪成了一只初具模样的鸟。法师问他现在是否懂得如何消除欲望。大亨面带愧色地回答说："可能是我太过于愚钝，眼下每次修剪的时候，都能够气定神闲、心无牵挂。可是，从您这里离开，回到我的生活圈子之后，我所有的欲望依然像往常那样冒出来。"法师笑而不言。当大亨所修剪的"鸟"完全成型之后，索提那法师又问了大亨同样的问题，大亨的回答依旧。

这次，法师对大亨说："施主，你知道当初为什么我建议你来修剪树木吗？我只是希望你每次修剪之前都能发现，原来剪去的部分，又会重新长出来。这就像我们的欲望，你别指望能完全消除它，我们能做的，就是尽力把它修剪得更美观。放任欲望，它就会像这满坡疯长的灌木，丑恶不堪。但是，经常修剪，就能成为一道赏心悦目的风景。对于名利，只要取之有道，用之有道，利己惠人，它就不应该被看作是心灵的枷锁。"大亨恍然大悟。不久之后，随着越来越多的香客的到来，寺院周围的灌木也一棵棵被修剪成各种形状。这里香火渐盛，日益闻名。

# 学会修剪欲望

欲望是与生俱来的，是不可磨灭的，彻底地消除欲望也是不可能的，况且，没有丝毫欲望会失去奋斗的动力。可是，放纵欲望才是更可怕的。一个人倘若追求太多，必然会因为过度劳累而垮掉。所以，就应该像索提那法师所说的那样，学会修剪欲望。修剪欲望，就是把欲望控制在一个合理的范围内，让其发挥应有的激励作用。而对于那些"多余"的部分，就要毫不犹豫地予以剪除。唯有如此，才能避免过多的麻烦、羁绊和困扰，给人一个清净祥和的世界。淡泊是一种态度，是一种修养，也是一种极高的思想境界。淡泊，不是没有欲望。属于自己的，当仁不让，不属于自己的，千金难动其心，这也是一种淡泊。

东晋的陶渊明为了追求淡泊的人生而辞官回归故里，过着"采菊东篱下，悠然见南山"的田园生活；三国时期的诸葛亮为了追求淡泊人生，在《诫子书》中谆谆告诫子弟，要"静以修身，俭以养德"，可谓淡泊之极致。

在禅宗里有这样一个故事：有一位高僧，是一座大寺庙的方丈，因年事已高，心中思考着找一个接班人。有一天，他将两个得意弟子叫到面前，这两个弟子一个叫慧聪，一个叫忘尘。高僧对他们说："你们俩谁能凭自己的力量，从寺院后面的悬崖下攀爬上来，谁将是我的接班人。"慧聪和忘尘一同来到悬崖下，那真是一面令人望而生畏的悬崖，崖壁极其险峻陡峭。身体健壮的慧聪，信心百倍地开始攀爬。但是不一会儿他就从上面滑了下来。慧聪爬起来重新开始，尽管这一次他小心翼翼，但还是从山坡上面滚落到原地。慧聪休息片刻之后又开始攀爬，尽管摔得鼻青脸肿，他也绝不放弃……让人感到遗憾的是，慧聪屡次失败，最后一次他拼尽全身之力，爬到半山腰时，因气力已尽，又无处歇息，重重地摔到一块大石头上，当场昏了过去。高僧不得不让几个僧人用绳索将他救了回去。接着轮到忘尘了，他一开始也是和慧聪一样，竭尽全力向崖顶攀爬，结果也是多次失败。最后，忘尘紧握绳索站在一块山石上面，打算再试一次，但是，当他不经意地向下看了一眼后，突然放下了绳索。然后他整了整衣衫，拍了拍身上的泥土，扭头向着山下走去。旁观的众僧都十分不解，难道忘尘就这么轻易地放弃了？大家对此议论纷纷。只有高僧默然无语地看着忘尘的去向。忘尘到了山下，沿着一条小溪顺水而上，穿过树林，越过山谷……最后他没费什么力气就到达了崖顶。

当忘尘重新站到高僧面前时，众人还以为高僧会痛骂他贪生怕死，胆小怯弱，甚至会将他逐出寺门。谁知高僧却微笑着宣布把忘尘定为新一任住持。众僧皆面面相觑，不知所以。忘尘向众僧们解释说："寺后悬崖乃是人力不能攀登上去的。不过，在山腰处可以看见一条上山之路。师父经常对我们说'明者因境而变，智者随情而行'，就是教导我们要知伸缩退变啊。"高僧满意地点了点头说："若为名利所诱，心中则只有面前的悬崖绝壁。天不设牢，而人自在心中建牢。在名利牢笼之内，徒劳苦争，轻者苦恼伤心，重者伤身损肢，极重者粉身碎骨。"然后，高僧将衣钵锡杖传给了忘尘，并语重心长地对大家说："攀爬悬崖，意在考验你们的心境，能不入名利牢笼，心中无碍，顺天而行者，便是我中意的人。"

如此说来，淡泊是一种从容，是对人生和世界深切感悟的一种超脱。人生在世，会被太多的事情羁绊，很难达到心如止水的心境。常言道："雁过留声，人过留名。"许多人都想留下一个好名声，也确实有一些人，用自己的切实行动赢得名誉，流芳百世，英名长存。求名、重名，本无可厚非，孔子就很重视"名"，他说："名不正则言不顺。"名义不正当，道理就讲不通，说话就没有分量。可是现实生活中不少人却把"名"的意义弄歪了，越来越多的人为了追名逐利而不择手段。这就是过分贪婪导致的。

鲁迅先生就是一位脚踏实地、品德高尚的人。他曾经在给友人的一封信上说："我对于名声、地位，什么都不要。"一次，他接到北京的朋友来信说，有位瑞典的学者，准备通过刘半农等人提名鲁迅先生为诺贝尔文学奖的候选人。鲁迅谦虚地谢绝了，说："还是照旧的没有名誉而穷之为好罢。"在1936年春，《作家》编辑部要在刊物目录上端印一排世界著名文学家头像。为此派人前来征求鲁迅先生的意见，并建议把他的头像也印在上面，也被鲁迅谢绝了。想获得名声，就要像鲁迅先生那样真正做到实至名归。

有道是"善不由外来兮，名不可以虚作"。倘若一个人热衷追求虚名，无疑是在望梅止渴，对个人成长、事业发展都会留下祸患，就会应了那句俗语"图虚名，得实祸"。在大千世界里，在面对重重诱惑时，敢于放弃，才会轻松快乐一生。一个人要凭借着清醒的心智和从容的步伐在人生旅途中跋涉，但不能缺少淡泊的态度。否则，我们或者活得抑郁，或者活得空虚。只有凭借着平和的心态去看待世间的一切，不计得失，不惊荣辱，才能活得精彩，活得有滋有味。

# 第 5 章

## 金钱与美色的魅惑：一切皆成空

天倾东南，地陷西北，世间万物，亘古不变，唯有心
理上的快慰才是实实在在的。人的一生若拥有一颗火热
的心，那么他就获得了最成功最富裕的人生。空有美丽的
外表或者金钱都是有缺陷的人生。

# 第一节　金钱不是万能的

法国名著《茶花女》中有这样的一句名言："金钱是好仆人，坏主人"。意思是说，做金钱的主人，还是做金钱的奴隶，是两种不同的金钱观。由此我们可以推论，做名利的主人还是做名利的奴隶，是两种截然相异的名利观，也是考验一个人名利观是否科学的试金石。科学的名利观认为，我们应该通过辛勤劳动、智慧创造、服务人民、奉献社会、报效祖国来赢得国家、人民和社会的认可、尊重与奖励，做名利的主人，而不是做名利的奴隶，受名利的驱使。一味追逐名利，将有损心灵健康、人生幸福与人格尊严。金钱是物资的变换器，却不是代替语言的表达方式，金钱能让人前进，却也无法做到让人改变。

## 不要把金钱看得过于重要

如果用钱什么都可以买到，那么第一应该去买勇气，然后就该去买健康，接着就去买平安。如果没有勇气，你就什么都不敢面对；如果没有健康，就无法找到自己的出发点；如果没有平安，就不能让自己的每次出发得到收获。金钱不是万能的，它买不到亲情、友情、爱情，也买不到快乐、欢笑，更买不到健康。正所谓"君子爱财，取之有道"，即便你腰缠万贯，假如没有了生命，也就等于失去了一切。

金钱不是万能的，如果把人与人之间的亲情也建立在金钱的基础上，那么就失去了人性，失去了人世间最珍贵的东西。俗话虽说"有钱能使鬼推磨"，但比金钱更重要的还有知识，有正义，有感情……举例说，金钱迟早会有花光的一天，而知识却永远都不会用完。

在一座城市里，一个无知的富翁在嘲讽一个满腹经纶的穷人。"你生日举办宴会了吗？""没有。"富翁继续说道："也对，对于你这种贫穷到一年都没有几件衣服穿，吃完了今天就愁明天的乞丐来说，是永远都得不到财富的。"而这位有学问的穷人完全有把富人说得理屈词穷的语言能力，可他却选择在此刻保持了沉默。因为他明白这个富人虽然有财富，可是他却不会制造财富，他的财产只会一天天地消失，到时他也会沦落成乞丐的。而他现在要做的事就是利用所学的知识，制造属于自己的财富，让自己的生活过得好一点。果然不出所料，几年后，这个城市发生了一场战争，穷人和富人都被迫离开。富人那少数的财产全部被侵略军抢走了，离开城市后自然而然地就沦落为一个遭人唾骂的乞丐，成为乞丐后，他再也没想过去制造财富，只好终身过着吃不饱穿不暖的生活。而穷人，在离开城市后，他运用自己的智慧，不仅赢得了财富还成了一名受人尊敬的教授。

所以，不要把金钱看得过于重要，要注重学问，因为知识可以创造财富，一个拥有许多财产的人，倘若非常无知，那么他的财产迟早会花光，而且永远不会再次得到财富。

# 理解金钱的真正意义

钱可以买到房子，但买不到温暖的家；钱可以买到钟表，但买不到时间；钱可以买到书籍，但买不到知识。金钱是什么？哲人说："金钱是一个债主，借你一刻钟的欢愉，却让你搭上了一生的幸福。"在当今这个社会，金钱只是物质上的需求，许多人把金钱当成是一种物质的享受，老百姓说："金钱是饭，是衣，是车，是房。"他们普遍认为金钱是物质生活的保障，但这是人们对金钱的曲解，人们普遍只看到了金钱的表面，并没有了解到金钱的真正含义。金钱并不是人们生活的目的，它只是生活的交易手段，我们所追求的财富应该是精神上的、思想上的。就像冯梦龙所说："钱财如粪土，仁义值千金。"

有一个孤单的富人，他走进一家专门卖书的书店，买了一本价格昂贵的笑话书。他在家看了很久，可心情依旧郁闷，感受不到一点快乐的滋味。这里有一家有老有小的人家，他们很贫寒，每天只是靠着自己喂养的鸡下的蛋卖钱来维持一家老少的生活。

在快要过春节的日子里，那个富人依然孤单，可是那贫寒的人家却准备着过春节。在过春节那天，那个富人就到他们家去看，问他们："你们过着这么艰苦贫穷的生活，会快乐吗？"那家人说："我们是没有钱，可是我们的家温暖啊！你每天是一个人在家，你就不懂。"那天，那个富人在他们家里过了个节，屋中传出了富人久违的笑声。从那以后，他把自己三分之二的家产都捐赠给了慈善机构，和他们生活在一起，过快乐的生活。

现实生活中，比金钱更重要的东西有很多，那些都是金钱"遥不可及"的。即便你家财万贯，没有温暖的家，有再多的钱又如何？没有快乐的生活，有再多的钱又如何？虽然钱能让你住上高楼大厦，能让你结婚，能让你生子，能让你买美味珍馐，但是，有些东西，你用金钱是买不到的。曾听有的人说："钱是无价宝，用在哪儿，哪儿都好。"只是有了钱，就等于拥有了一切了吗？就像人与人之间的关系，就不是金钱能衡量的。人与人之间的情分，也是不能用金钱来购买的。马克思和恩格斯有着一段伟大的友谊，但他们都不是看对方的财富有多少，才去做朋友的。他们之所以能成为朋友，是因为他们在共产主义的事业上的共同的理想。总而言之，钱不是万能的。

人们最大的贫穷不是物质上的短缺，而是思想和精神上的匮乏。就好像一棵大树，在风和日丽、阳光充足的天气里，它感觉不到幸福；就好像一棵小草，土地肥沃、水源充足的时候，它感觉不到富足；就好像一朵鲜花，种在花盆，居于温室，它感觉不到知足。可见仅仅肢体上的满足并不能给予我们偌大的幸福，倘若人对金钱的理解等同于幸福，那么这个人一定是个彻头彻尾的穷光蛋。精神上的折磨要远大于肉体，而精神上的富足要遥遥领先于物质。就好像大树，枝叶繁茂，根深蒂固的时候就很幸福；就像小草再添一丝绿，净化一缕空气的时候就很富足；就好像鲜花历经寒暑，芳香怡人时就很知足。天倾东南，地陷西北，世间万物，亘古不变，唯有心理上的快慰才是实实在在的。人的一生若拥有一颗火热的心，那么他就获得了最成功最富裕的人生。

# 第二节　珍惜简单朴素的生活

## 生活就是简单的

简单的生活，何尝不是一种华丽的冒险？生活，本来就是很简单的，只是，我们想太多，反而会让生活变得如此复杂。

从我们出生的那一天起，我们就开始了新的生活，无忧无虑的生活。生活，变得越来越精彩，只是，我们有些人在生活中，找不到快乐的途径，让自己变得越来越不开心了。如果我们能有效地利用所学的知识，排除一切外界纷繁的不利条件，那么，我们就能够重新获得快乐。怎样才能更好地生活？孔子曰：君子三有戒。少之时，血气未定，戒之在色；

及其壮也，血气方刚，戒之在斗；及其老也，血气既衰，戒之在得。这既是修身之道，又是健康之道。怎样才能保持身心健康？除了拥有良好的心态、合理的饮食、适当的运动外，还有一条就是简单生活。

# 生活因简单而美好

现代人生活得越来越复杂：思想复杂，人际关系复杂。应酬越多，事情也越多，日子过得杂乱无章，吃顿饭都要花上几个小时，所以人活得就累。《菜根谭》里有这样一句话："浓肥辛甘非真味，真味只是淡；神奇卓异非至人，至人只是常。"真正的"至人"都是些简单平常的寻常人。一切至简，做人还是简单点好。欲简单，思想简单，吃得简单，穿得简单，住得简单，行得简单。生活简单的人，欲望少些，心就清净。思虑少些，精神负担就少些；应酬少些，精力就集中些，人就活得更加自在。圣雄甘地早前说过：简单是宇宙的精髓。

有人说天下只有三件事：自己的事，别人的事，老天爷的事。所以，做人很简单：做好自己的事，少去管别人的私事、闲事，不要老担心老天爷的事。还有人说，人生其实只有两件事：饿了吃饭，困了睡觉。吃饭香，睡觉好，肯定活到老。生活的智慧不是把简单的问题复杂化，而是要把复杂的问题简单化。我们每个人都要好好想想：人生中什么是自己最需要的。

有这么一个故事：一名游客在海滩上看到一个渔夫在晒太阳，便问他："为什么不趁着好天气多打几尾鱼？"渔夫说："多打又怎样？"游客说："那就可以赚很多钱了。"渔夫问："赚很多钱又怎样？"游客说："可以买大船雇人替你干活。"渔夫问："那又怎样？"游客说："你就可以舒舒服服地晒太阳了。"渔夫问："那你以为我现在在干吗？"

　　故事很容易理解，但寓意很深刻。人世间许多美好的事物，原本并不需要我们处心积虑、费尽心机、殚精竭虑，非要去绕上几百个圈之后才能得到。有句俗语说得好："生活是一面镜子，你对它笑，它便对你笑；你对它哭，它便对你哭。"用它来比喻生活，再合适不过。其实很简单，生活就是因为你的美丽而精彩，而你最美丽的时刻就是在你微笑的瞬间。仔细一想，生活，原来如此简单。回到家，有亲人在等你吃饭；吃过饭，一家人悠闲地看电视；睡觉醒来，就去上班。

　　生活就是如此简单，生活给你希望，让我们一起微笑面对生活，生活因美丽的微笑而精彩。

# 第三节　美丽不能持久保鲜

## 漂亮不等于美丽

漂亮不等于美丽，现代的很多女性都爱美，可是她们好像并不了解"美"的真正内涵。她们普遍认为"美"的定义是：苗条、高挑、五官精致、好看的发型和时尚的服装……这些都是漂亮的外在表现，并不是美丽的真正内涵。漂亮是个很肤浅的东西，但奇怪的是，很多人都爱追求它，并且疯狂地喜爱它。漂亮是表面的，只要有靓丽的容颜，再加上适当的服饰，每个人都可以漂亮，但它却经不起岁月的洗涤。犹如一朵鲜花，就算它再艳丽、再妖娆，时间一到，它还是会凋谢的。相反，美丽是有内涵的，但很少有人去注意它。美丽不是外在的漂亮，而是内在的素质、修养和品德。美丽是一个人由内到外散发出来的一种高雅气质，它是可以通过自身的努力后天培育的。美丽是经久不息的，永恒的，就像地球围绕太阳旋转，永远地焕发年轻的光彩。

漂亮是副好皮囊。如果你人长得漂亮，又有好素质、好修养、好品德、好气质，那么恭喜你成了内外兼备的美丽的人。漂亮不是美丽的必备品，即使没有一副好皮囊，也可以做个美丽的人。漂亮只是转瞬即逝的流星，只留下一瞬间的惊艳；美丽却让人有一种赏心悦目的感受，让人舒服的感觉，可以使人永久记住。美丽是由心灵散发出的独特光彩，美丽与漂亮的距离，如同爱与喜欢的距离，看上去差不多，实际上相差甚远。漂亮不等于美丽，美丽是漂亮永远无法取代的。

# 心灵美才是真正的美

有个塌了鼻子的小女孩儿，两岁时得过脑炎，智力受损，学习起来就很吃力。打个比方，别人写作文能写二三百字，而她只能写三五行。但即便这样的作文，她同样能写得美丽如花。

那是一次作文课，题目是《我的愿望》。她认真地想了半天，然后斟酌地写，那次写的作文极短，只写了两句话：我有两个愿望，第一个是，妈妈天天笑眯眯地看着我说："你真聪明。"第二个是，老师天天笑眯眯地看着我说："你一点儿也不笨。"

就这样，那篇作文，深深地打动了老师，不仅给了她最高分，还在班上带感情地朗诵了这篇作文，还一笔一画地写上了批语："你很聪明，你的作文写得非常感人，请放心，妈妈肯定会格外喜欢你的，老师格外喜欢你，大家肯定都会格外喜欢你的。"她捧着作文本，蹦蹦跳跳地回家了，像只喜鹊。但她并没有把作文本拿给妈妈看，反而在等待，等待一个美好的时刻。那个时刻终于来临了，就是妈妈的生日。那是一个灿烂的星期天，她起得特别早，把作文本装在一个亲手做的美丽的大信封里，信封上还画着一个塌了鼻子的小女孩儿，小女孩儿咧着嘴笑得很甜。她静静地看着妈妈，耐心地等着妈妈醒来。妈妈刚刚睁眼醒来，她就甜甜地喊了声："妈妈。"然后笑眯眯地走到床前说："妈妈，今天是您的生日，我要送您件礼物。"妈妈笑了："什么？"

"我的作文。"说着小女孩儿双手递过了那个大信封。接过信封，妈妈的心怦怦直跳！果然，看到这篇作文的时候，妈妈激动地涌出了两行热泪，然后一把搂住小女孩儿，搂得紧紧的，仿佛她会突然间飞了似的。

虽然，小女孩的外表不是很美丽，但是她拥有一颗美丽的心。因为她那平常的两句话，却道出了她内心的纯真希望，也包含了她对母亲和老师的爱，纯洁而真挚。虽然智力受了损伤，可她对生活的热爱没有受损，对亲人、老师的敬爱没有受损，对生命的珍爱没有受损，她依然可以乐观地面对人生，让身边的人因她而变得欢喜，也让生活越发地灿烂美丽！正因为有爱，人间才更显温情，所以，看到花儿的时候才更加美丽，阳光也更加灿烂，微笑也更加甜美。当我们的心中摒弃了那份外在的美丽后，心中自然也就留下了另一份美丽，自然在生活中处处都能感受到温暖和美丽。

# 第四节　美人面，画出精彩人生

## 追求美好的精彩

漂亮是天生的，而美丽是可以创造的。漂亮是短暂的，而美丽才是永恒的。在任何人群中，都要相信自己绝对不是最差的。既然不是最差的，那么别人能做到的事情自己肯定也能做到，别人做好的事情，你肯定也能做好。自信，为你增添美丽，可以助你走上成功大道。在这个世界上，谁了解你也不该比你自己更了解你自己。但实际上，人们在对待自己的问题上往往会陷入误区。认识自己，把握自己，开掘自己，充分释放自己的潜力，你会惊奇地发现一片连自己都惊讶的神奇天地。

有着修长身材和美丽面容的马艳丽拥有好几个人生的第一：中国第一位在国际模特大赛拿到冠军的模特；中国第一家模特经纪公司的首席签约模特；中国模特创立时装品牌的第一人，同时身兼时装设计师、董事长的马艳丽，又走进了赵宝刚的戏中，摇身一变成为一名演员。

马艳丽的经历说来很是传奇。这个姑娘8岁时就长到1米

62，在同龄孩子中成了"羊群里的骆驼"。拥有这样的身高，不当运动员就可惜了。1986年，她考上周口市的体校，专攻排球。几年之后，又被特招到河南省水上运动学校，成了一名赛艇运动员。在运动员生涯的8年光景里，和队友拿过排球全国第四名，个人得过赛艇省级冠军的好成绩。1993年，正当全力备战七运会时，马艳丽的腰因受伤严重，不得不恋恋不舍地结束了她的运动生涯。很多读者有所不知，在舞台上大放异彩的名模马艳丽至今仍对赛艇情有独钟。在2008年北京奥运会期间，她曾多次去现场给中国赛艇运动员加油。工作中，马艳丽觉得自己更像是一名运动员而非一个老板。在工作压力大的时候，只要她想起运动生涯中的种种艰难困苦，再对比眼前的坎坷时，总是能够斗志昂扬地奋进起来。她非常会给自己减压，而所有这一切都得益于风吹浪打和流血流汗的运动员训练及比赛，她也因此而活出了女性精彩的人生。

一位著名的成功者开出的成功秘方就是三个字：胆，胆，胆。只要你鼓起勇气，大胆去做你想做的事情，其实成功并不遥远。心动不如行动，动起来吧，做一个高雅的人，活出精彩人生！人生从呱呱落地时开始，无论是少年、青年，还是壮年、暮年，每一个年龄阶段都有自己独特的美丽和迷人的外表，只要确定一个奋斗目标，并努力着手去做，就都是一种开始，一种出发。就从现在开始，活出精彩的人生永远也不会太晚！

# 打造精彩的人生

精彩的人生需要创造。倘若种子只甘于埋没在泥土下面，那么它将永远处于黑暗之中；如果沙粒只甘愿待在水底，那么它将永远失去成为珍珠的机会；倘若我们只甘于平平淡淡的生活，那么我们将会失去整个精彩人生。只有去追寻，去创造，才会有人生的惊喜，才会有精彩来充实人生。人生路上，自己才是主角，即使遇到挫折，也不应该就此沉沦，自甘堕落，不去奋斗。

精彩的人生需要追求。所以，才会有霍金科学路上的辉煌，才会有美林笔下活泼的奥运五福娃，才会有海伦·凯勒充满希望的光明。

李小龙是第一个把中国功夫推向银幕的人，他是功夫片的鼻祖。幼时的他身体瘦弱，而且还有缺陷，原本家境优越的他是可以接替父亲的班生活下去。但他不甘平凡，克服缺陷，凭着极高的毅力练就了一身好功夫。十几岁时就一个人去美国打拼，在努力、坚持下，他把中国功夫传向国外，并且创造了截拳道，成为一代武林宗师，从一个平凡人走向"神坛"。

正是因为勇敢追求才成就了李小龙精彩的人生。

因为追求，才能达到明天的辉煌；因为汗水，才能成就精彩的人生。

把握机会，创造属于自己的精彩人生，让生活留下我们美丽的痕迹，让人生道路上绽放绚丽的花朵。这世上不是缺少美，而是缺少发现美的眼睛，众里寻他千百度，蓦然回首，最美就在我们身边。

# 第五节　金钱与美色是最熟悉的陌生人

## 正确看待人生殿堂的三大支柱

爱美之心人皆有之，从现在开始就着手准备为自己打造一个"美丽"计划。事实上，美丽的人生不一定非要用钱来打造。一个人真正的美一定不是用钱就能打造出来的，真正的美是指一个人的气质和修养，这些都和金钱无关。

一提到财富，似乎总有种低俗之嫌，似乎就有贪婪的危险。其实不然，除了那些以钱作祟、以钱作恶、以钱淫乱的卑劣小人之外，正常人对财富的欲念和索取，不单是合理的，而且是提升人生价值、改变人生命运、构建幸福家庭和人生的动力，更是生活中不可或缺的物质基础与客观条件。

君子爱财，取之有道。不同时代有不同的方法，不同领域也有不同领域的方式。一般说来，大多数人对金钱都存有心理欲念和渴望，才会不自觉地去夺取财富。多数人虽然竭尽全力去夺取财富，却不知道四两拨千斤、妙手回春的机关和妙法。所以，人们就以为成功者全是天赐的机缘，失败者也是命运的安排，不懂得"天救自救之人"的真谛所在。所以，尽管你费尽心机、耗尽时光，也难进入财富通道，更不能与成功结缘。要知道，人生的幸福，是靠智慧来铸就的。没有方法和智慧，即使真金落地，也会被盲眼人无意中踢开。

人们之所以能够在各种各样的境遇中保持坚定不移的步伐去奋斗，甚至在濒临绝境的苦难岁月中，依然还会咬紧牙关、艰辛跋涉，就因为所有人的心中都潜藏着一个闪光的灵魂，这就是"明天"和"未来"。哪怕是一个乞丐，他也依然会对明天和未来怀有希望，不然那些日日艰辛、时时困苦的人们，任谁也没有心思活下去的。追求幸福人生是牵引人生步履的彩色丝带，而理想、财富和权势是最终建立起人生幸福殿堂的三大支柱。不管你多么洒脱，不管你何等清高，不管你的理想有多么崇高，对财富和权势的向往，都只是人类的天然本性，是幸福人生的必备条件。

## 将不完美转为前进的动力

很久以前，有一个岛国，住着一个叫阿生的渔民，因为相貌丑陋，所以和其他人相处得并不愉快。他一年四季靠打鱼为生，日子过得十分艰苦，风里浪里不知饱受了多少艰辛。30多年贫苦劳累的时光就这样一晃而过，阿生依然住在一个低矮陈旧的小木屋里，年近五十尚未结婚。这年初春时分，海面上刮起狂暴的季风，惊涛拍岸，大浪滔天，一连数日不能下海捕鱼。阿生蜷缩在小木屋里，饿得头昏眼花，不能自持。饥饿的忍耐和30多年的悲酸劳苦，霎时间在阿生心中一石激起千层浪，涌起悲愤难抑的情绪，他疯狂地冲出家门，向着苍茫的天空发出了撕心裂肺的呼喊："主宰命运的宙斯神啊，你为什么如此不公平！为什么那么多的人都得到财富，偏偏我这样贫苦无助呢？"阿生饱含屈辱、悲怆的惊呼声，惊动了宙斯神，他立即派遣一名主管财富的天使，到人间去改变阿生的命运。

财富天使见到了阿生，问清了缘由，说："你确实太艰苦了，我奉宙斯神的旨意，现在就改变你的命运！"说着，天使用手在沙滩上一画，一张金灿灿的渔网就出现了。天使说："现在这金网归你了，以后你就可以占有财富了。"说完，天使就飘然离去了。阿生稳定心神，定睛一看，见是一张用金线织成的渔网，不觉悲从中来，怒火冲天，冲着天空嚷嚷着："这金网怎么可能捕鱼呢？我虽然贫困，可我也知道真金到水底下是往下沉的，我怎么可能提得起来呢？这哪里有财富哇！"

天使听到了阿生的抱怨，第二次从空中飞身落地，他对阿生说："难道你只会在风里浪里打几条鱼充饥果腹，就不能用这张金网去做些别的什么事情了吗？"

阿生一听，顿时急了，瞪着布满血丝的眼睛，大声怒斥道："我本来就是一个安分守己的渔民，从未设想过做其他的事。"

天使苦笑一下，说："假设说你可以卖掉这张网，然后……"

还没等天使把话说完，阿生就喊了起来："我已经说过了我是一个安分守己的人，怎么可能成为那唯利是图的奸商呢？"

天使听后，叹了口气，就升入了天空。阿生再看看那张金网，已然变成了原来那张破烂不堪的旧渔网。

其实，缺陷和不足每个人都有，但是作为独立的个人，请相信，每个人都有许多与众不同甚至超越别人的地方，要善于用自己特有的智慧去装点这个丰富多彩的世界。学会欣赏自己的不完美，并将它转化成动力，这才是最重要的。美绝不只是表面的，而是有着更深层次的含义。如果表面的美失去了本该具有的内涵，那么就会成为被人们所舍弃的"最佳"对象了。此外，空有美丽的外表或者金钱都是有缺陷的人生。

# 第 6 章

## 生与死的冥想：献身与苟活

人生的意义在奉献而不在索取。奥斯特洛夫斯基曾说过：人最宝贵的是生命，生命对于每个人只有一次：当他回首往事的时候，不因虚度年华而悔恨，也不因为碌碌无为而羞愧。

# 第一节　先天下之忧而忧

在当下市场经济大潮的推动下，人们在物质生活方面发生了翻天覆地的变化，但伴随而来的却是人与人之间的距离，彼此变得越来越陌生。

## 体会奉献的快乐

有一些人认为雷锋精神已经"过时"了，他们过分热衷于追求物质和消费，却对身边发生的各种丑恶现象麻木不仁，眼睁睁地看着弱者的不幸，也不会振臂一呼；有些人甚至还会为富不仁，置社会道德和法律于不顾，为一己之私肆意损害他人利益。殊不知，送人玫瑰，手有余香。不论是革命年代，还是在市场经济的大环境下，全社会始终需要和呼唤像"雷锋精神"这样的美德。

个人的利益和社会的利益紧密相连，幸福观、人生观和价值观紧密相连。从雷锋到"雷锋传人"的郭明义，我们看到的是，只要拥有坚定的信念和追求的价值，心中和谐的精神家园就不会消失；只要通过奉献和付出，通过爱心和善举，就能在帮助他人、温暖他人中找到真正的快乐、获得人生的美满。

在多元化和物质文明高度发达的今天，学习雷锋精神，争做奉献队伍中的一员，依然还是社会核心价值观的主流，同时也是推动社会前进过程中最有影响力的精神力量。让"雷锋精神"成为全社会的道德血液，让这种精神流淌在每个华夏儿女的血管中，流淌在迈向和谐社会的征程上，为社会迈向新的历史篇章注入暖流。

有这样一群默默奉献的解放军同志，他们都是可爱的人。他们坚守在自己的工作岗位上，将安全和方便的生活奉献给了全社会。

由于官兵们每天巡视工地都不低于 8 个小时，在饱受烈日炙烤和雨水侵袭的情况下，感冒发烧都是屡见不鲜的情况。有一次，驾驶员陈伟高烧 39 度，呕吐不止，两天还没能进食，可他仍然带病坚持工作。主管郭佳下了死命令，让他必须卧床休息，可当天战士们夜查工地返回时，却在远处发现一个影子，走近后才看清是陈伟在检查灭火器。

他们经过白天训练、巡视工地、讲解消防知识等高强度的训练后，晚上还要学习防火知识、制定预案，经常加班到 12 点以后才睡觉，第二天仍然会精神饱满。经过长时间摸索，64 万多平方米工地的重点部位、应急出口、消火栓和水源等情况他们都背得滚瓜烂熟，他们花了 5 天时间制定的灭火救援力量部署图也受到上级领导的高度评价。

人的一生不在于得到多少而应该考虑奉献多少。因为我们每一个人都拥有很多的爱、很多的同情、很多的时间和精力，只有为别人付出它们，我们的生活才会变得有意义，生命才更有价值！从生活中的点滴小事做起，履职尽责，鞠躬尽瘁，那时你就会发现原来奉献也是一种快乐。

# 树立无私的价值观

有很多人在河边捕蟹，他们都背着一个大蟹篓，但大多数都没有盖。许多初到的人很好奇，好心地提醒他们说："蟹篓不盖上盖子，不怕抓来的蟹跑掉吗？"这些捕蟹人全笑了："蟹篓可以不盖，因为要是有蟹想爬出来，别的蟹就会把它钳住，结果谁都跑不了。"生活中，有些人很像蟹一样。

某地矿井发生透水事故，矿井里的水位快速上升，某个巷道的工人谁也不甘心落后，争先恐后地往外挤，由于巷道口太小，把出口堵死了，结果谁也无法逃生。而在同一个矿的另一个操作区，由于队长当时保持了镇定，大声喊道："大家不要挤，一个一个来。"他并不怎么急于逃生，而是留在后面指挥，结果20多个矿工全都安全地逃了出来，他自己也脱离了险境。

无私奉献是人类最纯洁、最崇高的道德品质。它像天山雪莲般洁白无瑕，它像满山杜鹃温暖人间。在中华民族几千年的文明史中，最耀眼的是无私奉献精神，最吸引人的就是奉献的杰出人物。屈原、司马迁、杜甫、孙中山等之所以耀眼、吸引人，是因为他们把自己的才华、才智和业绩无私地奉献给了社会、祖国和人民。"春蚕到死丝方尽，蜡炬成灰泪始干"这句诗为无私奉献的高尚品格作了一个形象的诠释。

古代的先贤们，现代的英雄们，当今的模范不都是为追求理想的人生目标而鞠躬尽瘁、死而后已的吗？古代的大禹怀揣着治服洪水、为民除害的宏愿，三过家门而不入。现代的无数先烈为了民族的解放，甘愿洒热血谱写春秋。今日的优秀青年为了实现远大理想，把有限的生命投入到无限的为人民服务中去。

无私奉献要培育忘我的献身精神。有些人把人生的境界分为"小我""大我""忘我"三个层次。

"小我"者是利己的表现，只顾自己而不顾集体。

"大我"是指热衷于为社会做贡献但缺乏献身精神。

只有"忘我"者才能像一滴水一样融化在大海里。

具有无私奉献精神要建立不为名利的价值观，而要让自己能够真正做到无私奉献也并非是易事。无私奉献的难点在于"无私"二字。

正如布莱希特所说的那样，"无私是稀有的道德，因为从它身上是无利可图的"。要想做到无私奉献，就要树立不追逐名利的人生价值观。只有树立了这种价值观，才能在任何情况下都能做到无私奉献。无私奉献，要坚持埋头苦干的务实态度。倘若说"无私奉献"是我们思想修养追求的港湾，那么"埋头苦干"则是抵达这一港湾的船舶。

因为，无私奉献并不是凭口头怎么说，而是要看行动怎么做才行，就是我们常说的，无私奉献不光是一种高尚的情操，更重要的还表现为实实在在的具体行动中。

# 第二节　奉献是生命的意义

## 人生因奉献而美丽

人生的意义在奉献而不在索取。倘若我是一泓清泉，那么我将滋润一方土地；倘若我是一阵春风，那么我将吹绿祖国大地。我欣赏小草那顽强向上的生命力，赞叹粉笔那"宁为玉碎，不为瓦全"的英雄献身精神，但我更为蜡烛那无私奉献的精神钦佩不已。蜡烛，是普通的，是极为平凡的，但也是默默无闻的。蜡烛用它那纯朴的清辉照亮了人们的心，让人心头感到温暖。在科技腾飞的今天，蜡烛的确很不常见了，但它以自身的奉献精神给人们留下了不可磨灭的印象。它的寿命很短暂，甚至可以说是一瞬间的，可它用这一瞬间燃烧了自己，照亮了别人。蜡烛燃烧着圣火，点亮了奉献的人生，那是神圣的、光明的。还有各行各业的人们，工人、农民、教师、医生……他们都在为不同的职业奉献着自己，为人民、为国家、为世界。农民为了让人们吃饱穿暖，辛辛苦苦耕耘着，这大概就是"四海无闲田"的由来吧；老师是辛勤的园丁，培育着祖国的花朵，阳光普照，园丁们心暖春意浓，甘霖滋润，桃李枝繁叶茂，于是又有了"谁言寸草心，报得三春晖"一说；医生救死扶伤，舍己救人的精神也都是奉献精神。奉献，让我们手拉着手，心连着心，为世界献出一份力，一份爱心。

奉献，是打造和谐社会的动力。赞美像蜡烛一样的人们，因为人生因奉献而美丽。

巴西的甘蔗田地里，生存着两种蚂蚁，一种是体型比较小的黑蚂蚁，另一种则是体形强悍，生性凶残的行军蚁。黑蚂蚁生性温顺，以植物和腐食为生，而行军蚁只要是任何可以吃的东西它都不放过，在饿极了没有食物的时候，它们甚至会吃掉身边的同伴。行军蚁最喜欢的食物就是黑蚂蚁，所以，一旦它们与黑蚂蚁相遇，就意味着黑蚂蚁插翅难飞了。按照这个弱肉强食的逻辑，和劲敌生活在一片土地上的黑蚂蚁，其结果必然是不断被吃掉，数量也会越来越少。但事实恰恰相反，近几年来，甘蔗田里的黑蚂蚁依然生活得很好，倒是那些行军蚁，数量在逐年下降。为什么会这样？带着这个疑问，生物学家对两种蚂蚁进行了长时间观察，结果他们有了惊奇的发现。每天傍晚的某个时候，浩浩荡荡的黑蚁大军都会准时返回到巢穴里，可每次，都有大约20多只蚂蚁没能进入洞穴。生物学家开始以为它们是掉队的蚂蚁。但是接下来的一个场景却令他们感动。在一天的傍晚，像往常一样，黑蚁大军急匆匆地钻进巢穴，排在队伍最后面的黑蚁却没能进去。事实上，它们本来是有机会进去的，但它们却坚守在洞口，看着已经进入巢穴的同伴从里面忙碌地封闭着洞口，然后，它们开始到附近搬来沙粒，刻意地隐蔽着洞口的外部，大约忙碌了10多分钟的时间，一直到洞口和周围的环境完全融为一体，方才停下来。就在这时，上千只游猎的行军蚁突然出现了。它们朝着眼前的这二十几只黑蚁猛扑过去，不一会儿的工夫，黑蚁便被全部吃光了。意犹未尽的行军蚁又四处寻找猎物，却始终没有发现黑蚁的巢穴入口，最后，它们开始上演了同类相残的惨剧，大约有三分之一的行军蚁被自己的同伴吃掉了。黑蚂蚁其实是非常弱小的，若失去巢穴的保护，即便没有外敌来攻击，它们也会在外部恶劣的环境中消耗尽体内的糖和水分而死去。让生物学家震惊不已的是，这种小小的蚂蚁竟然有为了集体而不惜牺牲自己的奉献精神。正是因为黑蚂蚁这种舍己为人的举动，让庇护同胞的巢穴永远不会被天敌发现，这也使黑蚂蚁们能在行军蚁出没的地带一直生存繁殖起来，而且数量越来越多，而那些行军蚁虽然强大，但相残同类的习性使它们越来越少，这是它们趋于灭绝边缘的原因。

读了这则故事后，大家一定深有感悟。小小的蚂蚁为了抵抗侵略者及救助同伴而牺牲自己，这种奉献精神我们是否能做到呢？倘若人人都能勇于去为集体的利益而牺牲，换来的将会是这个集体的繁荣与强大；倘若人人都为了个人利益相互争斗，那么这个集体灭亡之期就不会遥远了，皮之不存，毛将焉附，集体垮掉了，其中的个体也不会存在了。再把奉献说得明白一点儿，其实，奉献在我们的生活中无处不在。比如，马路上的清洁工，是默默无闻的奉献者；校园里的保安，是默默无闻的奉献者；我们身边的每一位老师，都是默默无闻的奉献者。

## 生命的价值在于奉献

奥斯特洛夫斯基曾说过：人最宝贵的东西是生命，生命对于每个人只有一次。人的一生应该这样度过：当他回首往事的时候，不因虚度年华而悔恨，也不因碌碌无为而羞愧，这样，在临死的时候他就能够说："我的整个生命和全部精力，都献给了世界上最壮丽的事业——为人类的解放而斗争。"生命的意义在于奉献，这句话我们并不陌生，因为在生活中听到和看到的已经非常多了。许多人都会认为那是唱高调的无意义的宣传，喊给别人听的虚无口号而已，没有多少实际意义。似乎人们更愿意相信"各人自扫门前雪，哪管他人瓦上霜"的信条。从大的方面来说生命的意义在于为国家、为民族、为社会做奉献，从小的方面来说就是为家庭、为儿女、为亲人做奉献。一旦我们不奉献了，就会觉得生命已经大幅地贬值，甚至失去了其存在的意义。

曾经看到过这样一则小故事：一道雨后的彩虹看到弧形的石桥，便对其说："你的生命比我长久多了，我只是昙花一现。"

石桥听后回答说："怎么会这样呢？你那么美丽，即便是昙花一现，但你留在人们记忆里的美却是永恒的。"彩虹的生命没有石桥久，石桥也没有彩虹美，但是，它们的生命都是有价值的。

石桥固然不美，但它稳固于河两岸，沟通你我，默默奉献，这是它的价值；彩虹虽然只存在于雨过天晴的那一瞬间，但它把灿烂光明的一瞬间无保留地给了人们，使人们留下永久美好的回忆，这同样是生命的价值。所以，生命的价值不在于生命的长短，而在于奉献。

有句话是这样说的："有的人活着，他已经死了；有的人死了，他还活着。"倘若一个人活着，不能体现出自己生命的价值，那就不算是还活着；倘若一个人在生前真正体现出了其生命的价值，那么，就算是他死了，他也永远活在人们心中。正如裴多菲所说："生命的多少用时间计算，生命的价值用贡献计算。"生命是有限的，短暂的，人生之途也不过十余载，我们无法无限延长它，无法求得它的永生。可是，我们可以追求美好，可以奉献自己的一切，几十年默默的奉献依然能够换得永恒；一次轰轰烈烈的壮举，一次瞬间美好的展现，都可以说是生命的永恒。只要有所奉献，不管是长久的默默无闻的奉献，还是在短暂的瞬间发出灿烂的光芒的奉献，这样的生命都是永恒的。

别人快乐，自己就快乐；别人幸福，自己就幸福。这不也体现出了生命的意义在于奉献吗？有人对社会有所奉献，让奉献的快乐成为千千万万的人享受，这也是生命的价值。有些人，他们的奉献是点滴的，是微不足道的，但正是在这样的奉献中，他们感到了生命的充实，他们的价值得到了人民的承认。他们平凡的奉献不仅对社会有利，也陶冶了个人的高尚情操。如每天清晨，天还未亮的时候，大街上、我们的校园里，总有那些穿着黄色马甲的身影在辛勤地劳动，这些平凡的身影在平凡的岗位上，为我们默默地清扫着"心灵的垃圾"。

生命的价值在于奉献，或像石桥长久默默地付出，或像彩虹展现瞬间的美好，只要你肯奉献，生命便是可贵的。奉献是生命的永恒，奉献是生命的价值，奉献让我们有限的生命绽放出耀眼的光彩。

倘若你是个太阳，就留下一道阳光；如果你是一道阳光，就留下一丝温暖。倘若你是一根蜡烛，就留下一道光；如果你是一道光，就留下一份奉献。

# 第三节　苟活于世不如活出精彩

## 苟活偷生是在毒害生命

在历史长河里，人们对人生价值的实践有太多的唏嘘感慨，但是，当历史掀开新的一页的时候，当中国进入新的发展时期的时候，在这个转角处是不是也应该让历史记下我们社会主义新时期的核心价值观——奉献呢？在他人需要帮助的时候，坚定不移地伸出自己的援助之手。

生命的车轮会前行在历史的脉络上，沿途拾起一草一木，留待回忆，世界的存在清晰而具体；生命的车轮会走进时间的大门，让夕阳画出记忆的钥匙。那捆记忆的柴火就那么静静地躺在地上，等着生命去换取沿途拾来的枝枝叶叶，在夕阳的指尖上静静回忆。

她曾经是奥运会历史上最伟大的女子短跑运动员之一。在1960年的罗马奥运会上，女子100米决赛中，当她第一个撞线后，赛场上想起了雷鸣般的掌声，人们纷纷站起来为她喝彩，齐声喊着这个美国黑人的名字。从此以后，她被称为欧洲人的"黑羚羊"。"我每天都在跑，而且我产生了一种决断的感觉，这种感觉就是无论发生什么事情，我都不会放弃。"这就是历史上最伟大的女子短跑运动员——威尔玛·鲁道夫。

她生来就是"与众不同"的，她曾经身患多种疾病，包括肺炎、猩红热，还患有小儿麻痹症，就连走路都成了问题，但她却有个看似永不可能实现的梦想——希望有一天能和别人一样在赛场上奔跑。为了实现这个梦想，她勇敢地向前迈出了第一步，每天坚持不懈地练习，趁父母不在时，她就尝试着扔开支架自己走，摔倒了就再次爬起来。她11岁时，终于可以靠支架走路了。于是，她又向前迈出了一步，向更大的目标挑战。慢慢地她开始和同学们一起参加学校的体育活动，每天都坚持不懈地练习，十年如一日。终于，在1960年的罗马奥运会上，女子100米决赛中，她第一个撞到红线。威尔玛·鲁道夫并没有屈从于命运的安排，而是靠着自己坚强的意志力一步一步地走向生活的巅峰，走向了全世界。

威尔玛·鲁道夫的成绩更是令人钦佩。在 1956 年墨尔本奥运会上，16 岁的鲁道夫获得 4×100 米接力赛的铜牌。四年之后，鲁道夫在 1960 年的美国锦标赛上以 22 秒 9 的成绩打破了 200 米的世界纪录。在罗马奥运会上，鲁道夫参加了 100 米、200 米和 4×100 米接力的比赛。她在 100 米半决赛中平了 11 秒 3 的世界纪录，之后又在决赛中跑出 11 秒 0，以 3 秒的优势赢得了胜利。因为她跑步的姿态优雅，所以被欧洲人赞誉为"黑羚羊"。

鲁道夫在 1962 年宣布退役，结束了自己的运动生涯。退役后，鲁道夫开始从事教练工作，并且还为穷苦儿童做了大量的工作。

威尔玛·鲁道夫说："在任何时候都不要放弃希望，哪怕只剩下一只胳膊，任何时候都不要放弃自己的梦想，哪怕残疾得不再行走。"

实际上，许多成功人士都不是一开始就一帆风顺的，他们也经历过人生的黑夜，可最终他们都凭着必胜的信念和顽强的奋斗，走出了黑夜，赢得了光明。想必，那些意志坚强、乐观奉献的人们将永远活在人们的心中，激励着人们奉献着自己的光和热。

世间万物所具有的价值，都有相应的分量。这分量或轻如鸿毛，或重若泰山，亦如人生。你可以选择虚度一生的光阴，也可以选择精彩的生命。只要你看懂生命价值的存在，那它必然会用不凡的分量来镌刻你未尽的人生。

# 活出自己的精彩

生命或长或短，长可流芳百世，短却只在一呼一吸间。最重要的是生命对我们每个人来说都只有一次，这仅有的一次生命你要怎样展现自己呢？是平平淡淡，远离尘世？还是庸庸碌碌，虚度年华？或者一展凌云壮志，以慰平生呢？多数人只注重生命的长短，却忽视了生命的亮度。人生要活得精彩，生活才会丰富多彩。否则太过于平淡无奇，就索然无味了。那么，怎样才算是精彩呢？生活多彩多姿，就是精彩吗？平凡的人生要如何展现精彩呢？人生不必伟大，只要努力实现生命中每个精彩的瞬间，就足够了。人也不必伟大，只要做最好的自己就足够了。一个人要想抛开世俗的羁绊，就不必理会别人嘲讽的眼光，勇敢去冒险，不向生命妥协，不向命运低头，在韧性和倔强之间，不管是坚守着边缘的位置，或者是处于主流的位置，都能在漂泊和安定的生命中，感悟人生、了解人生、分享人生、探索人生、创造人生，这就是人生的一种精彩，而且，是一种非常美丽的精彩。

有些人像闪电一样声名显赫，有些人像彩虹一样绚丽夺目，有些人像流星一样转瞬即逝，也有一些人，他们像绵密的雨丝，普降大地，滋养万物。不管你是贩夫走卒也好，或是达官贵人也罢，每个人都能在有限的生命中，展现无限的自己。别人记住的，并不一定是你的头衔，但一定不会忘记你曾经拥有过的精彩。每个人，只要能诚诚恳恳地去做他最喜爱的事就可以了。当你写了一本好书，为别人做了一个漂亮的发型，替别人买了一件漂亮的衣服，在让别人得到快乐的同时，也让自己变成了一个具有吸引力的人，舍得给予他人，自己才会快乐，这就是一种精彩。

　　道理好像很简单，其实，要做到并不容易。芸芸众生中，就有很多人违背自己的初衷，受生活所迫，被自己设计的框架局限，被自己编织的网套牢，在自己布下的迷阵中迷失。想要逃离，想要冲破束缚，却没有足够的勇气。一次次妥协，一次次放弃，最后只能成为生活的奴隶。仔细回想一下，你的人生又是怎样的呢？活出精彩了么？这时的你是否有些迷惘。也许，你正自以为是地把自己定义为有理想、有抱负的时代好青年。每天朝九晚五的穿着标准的制服，挤着公交，啃着面包，机械地敲着键盘，煞有介事地以为自己很忙碌，其实不过就是习惯而已。浑浑噩噩地活着，只知道憧憬着未来，永远只是觉得为什么梦想始终只是梦想而已？却忘记了要去成就梦想。因为你害怕去实现，害怕实现的道路上那看不见的重重困难。久而久之，也便得过且过，做一天和尚撞一天钟了。思想的麻木最终导致了灵魂的麻木，而时间却不会因此有所停留，相反，分针和秒针相遇的时间变短了，因为你把生命的自主权卖给了时间，它在急速消耗你的生命。有阳光的地方才会有影子，影子因为阳光而存在；有光明的地方才会有黑暗，黑暗因为光明而存在。梦想的世界是虚无的，现实的世界是残酷的，光明只存在于现实的世界中，你可以触及的只是脚下黑黑的泥土。"金无足赤，人无完人。"生命中难免会有缺憾，缺憾美未必不是美，断臂维纳斯的美是多少画家、雕刻师难以企及的。我们大可不必为了生命中的欠缺而感到难过，你可能屡战屡败，你可能相貌平淡无奇，你可能家境贫寒，然而这一切都不是最重要的，它们都不能阻止你成为一个有魅力的人，不能阻止你活出自己的精彩。人活着不能没有梦想，尽快让梦想照进现实吧。梦想是我们期待的生活方式，而不是我们想拥有的东西。梦想是我们想成为什么样的人，而不是我们要挂在门面上的头衔。梦想是我们的心境，而不是外在华丽的卷标。梦想是我们个人发展出来的格局、视野，而不是护照里琳琅满目的戳记。不能做参天的青松翠柏，就做不惧风雨的青草；不能做独领风骚的花王牡丹，就做路边孤芳自赏的雏菊；不能做波涛汹涌的大海，就做涓涓细流的小溪；不能做万丈光芒的太阳，就做点缀夜空的繁星。总而言之一句话："做最好的自己，自己的敌人就是自己。"

人生，有很多东西无法选择，但我们可以选择面对人生的态度。一个人的生命从形成的一瞬间，就决定了你的父母是谁，兄弟姐妹是谁，祖祖辈辈是谁，而且这种关系永远不能更改。是出生在富贵的家庭，还是出生在贫穷的家庭，都是命中注定。前者可以不用奋斗，就能拥有面包牛奶，而后者即使奋斗了，也不一定能有好的生活。

人也无法选择年龄。一个人总想留住无忧无虑的生活，总怀念儿时的无忧，年少时的快乐，长大了，就面临很多挑战，很多压力，很多生死离别。但事情并不能总按照人们期望的那样发展，我们会顺着时间的脚步一点一点地长大，生活一点一点地发生变化，会有越来越多的挑战，越来越多的困难，越来越多的烦恼，越来越容易迷失方向，这些都是无法选择的。

无法选择生死。一个人，什么时候来到这个世界，什么时候离开，也身不由己。死是生的终极，任何人都无法逃脱，人从出生开始，就在向着这个终极迈进。随着社会的迅猛发展，生活节奏加快，生活压力增大，因各种原因造成的意外死亡事件不断增多，很多人不可避免地提前结束生命的进程，给短暂人生留下了无穷的遗憾。不向命运屈服，不向困难低头，尽最大努力改变现状，正所谓"王侯将相宁有种乎？"智者会把人生中的劣势转为优势，愚者会让人生中的劣势变得更加恶劣。朋友，没有坚实的基础就只有自己去夯实；没有足够的快乐就只有自己去寻找；没有天生的财富就只有自己去创造。人生就是充满汗水，充满艰辛，充满泪水的过程，既然无法选择，那么就迎难而上，顺势一搏，或许还会有新的转折出现。如果不去改变，就真的不会有改观了。我们无法选择人生，就请选择面对人生的态度，始终以一颗积极向上的心，战胜困难、迎接挫折，活出自己的精彩。

# 第四节　在生活百态中悟出人生

## 树立正确的人生价值观

有人说：人活着，是为爱而活，为了爱你的和你爱的人活着；有人说：人活着是为了将来更好的死亡，死的更光荣，死得其所。这样的结论还有很多，但最后也没我想要的，直到有个人对我说："每个人都在追求完美的生活"。对，人活着就是为了追求完美，体现自己的价值。每个人在做什么事情的时候，都想把它做到最好，但最终也不可能做到十全十美，所以人们用锲而不舍的精神支撑着自己，为追求完美的事物而生活。但是人们为什么追求完美呢？有些人认为：追求完美的一生，是为了不想带着遗憾离开这个世界。追求完美的人生是想充分的体现自身的价值，享受生活的真谛。这个世界本就没有完美之物。所以，人不能只想到完美，一生中有一两件让自己遗憾的事来回味，来留恋，来让你领悟道理，明白自己的人生，不是更好吗？

在当今的社会生活条件下，许多人都十分讲求"实际"，那思考人生目的这样的大问题有意义吗？有意义。每个人活着都要回答这样的问题：人为什么活着？人应当怎样活着？人活着的价值是什么？这是人生观在社会生活中的体现。目的既是人行为活动的起点，也是全部过程的终点。人生目的决定走什么样的人生道路，持什么样的人生态度，选择什么样的人生价值标准。都讲"实际"的今天，更应该思考人的价值。因为人的价值是最实际的问题。我们在思考自我价值的时候要涉及价值的标准和评价。劳动以及通过劳动对社会和他人做出的贡献，成为社会评价一个人的人生价值的普遍标准，这一观点已成为共识。思考人生目的，以及怎样的人生才有意义是任何时代的人们都要考虑的问题。在当今社会条件下，许多人讲"实际"，是为了更好的应对整个社会对我们的考验和挑战，思考人生的目的，树立正确的人生观、科学观和价值观这是十分紧急并且有必要的。

# 端正人生态度

人生态度与人生观是什么关系？如何端正人生态度？人生态度是人生观的重要内容。有什么样的人生观就会有什么样的人生态度，人生态度往往又制约着一个人对整个世界和人生的看法，从而对个人的世界观、人生观也具有重要的影响。人生态度是人生观的表现和反映。一个人如果以悲怨愤懑、心灰意冷的倦怠态度对待生活，其背后必然是消极悲观的人生观。相反，一个人满怀希望和激情，热爱生活、珍视生命，勇敢坚强地战胜困难并不断开拓人生新境界，其背后一定有一种正确的人生观作为精神支柱。

人生须认真。要严肃思考人的生命应有的意义，明确生活目标和肩负的责任，既要清醒地看待生活，又要积极认真地面对生活。

人生当务实。要从人生的实际出发，以科学的态度看待人生、以务实的精神创造人生，以求真务实的作风做好每一件事。要坚持实事求是的思想方法和人生态度，正确面对人生理想与现实生活之间的矛盾。

人生应乐观。乐观积极的态度是人们承受困难和挫折的心理基础。要相信生活是美好的，前途是光明的，要在生活实践中不断调整心态，磨炼意志，优化性格。

人生要进取。人生实践是一个创造的过程。要积极进取，不断丰富人生的意义，要发扬自强不息、敢为人先、坚忍不拔的精神，充分发挥生命的创造力，在创造中书写人生的灿烂篇章。

人生态度影响着人生目的的实现，影响着人生价值的实现，影响着人生发展的走向。良好的、积极的、乐观的人生态度能让生活完满。

# 第7章

## 活出完整的生命

人生的发展方向其实包含着两个方面：一个是建构自己，指人对自身的设计、塑造和培养；另一个则是表现自己，也就是把人的自我价值显现化，不断地实现并获得他人的承认。

# 第一节　寻找真我

寻找真实的自我，是一段艰苦的历程。古人有云：天下兴亡，匹夫有责。19世纪的列夫托尔斯泰说过：一个人若是没热情，他将一事无成，而热情的基点正是责任心；在20世纪初，面对列强凌辱，我们的总理周恩来发出"为中华之崛起而读书"的誓言，这是一种责任；处于21世纪的我们，无论扮演什么样的角色，无论站在什么样的岗位上，做真正的自己也是我们除了遵纪守法、贡献社会之外不容忽视的责任。实际上，人的一辈子有很多束缚，不论是贫困的生活还是社会地位的高低，不论是传统习俗的约定俗成还是法律条文的条条框框，都对人们有着不容忽视的影响。

生命的抗争就是在束缚中跳出美丽舞蹈的过程，没有束缚的生命反而显得轻浮而没有分量，挣脱生命的束缚需要一个漫长的过程，它让我们的生命变得厚重而美丽。

英吉利海峡矗立着阿尔威船长的雕像。1870年3月17日的那次航海，因为机件出现故障，导致船舱大量进水，就在人们惊恐万状的时候，阿尔威船长果断而沉着地指挥，所有乘客和船员井然有序地转移到救生艇上，而他——阿尔威船长却与客轮一起沉入了海底，他竟然忘了把自己列入待救的名单中。这种无私的精神鼓舞着一代又一代的人们。在灾难来临时，他不顾个人安危，敢于承担责任的壮举，使他成为被人尊重的领导，名垂千古的英雄！

也许有人会提出：挣脱束缚和责任有什么关系？其实，挣脱束缚，追求自由就是我们的一种责任。人的一生有太多的羁绊，如果我们出生在贫苦家庭，我们所有的努力可能只有一个目的，就是为了摆脱贫困。所以在贫困中奋斗的人常常更加能够自强不息，因为他的背后有足够的动力：想要像别人一样过上富足的生活，飞得更高走得更远。这些最朴素的理想恰恰变成了最耐久的动力，这也正是为自己负责的最完美的展示。同样道理，拥有了物质财富，人们又会向社会地位、人生理想努力，物质生活满足后又会寻求精神的解放，心灵的自由，希望自己的人生价值得以体现，这是更高层面的生命抗争。然而本身应该拥有着创新精神。活跃思维和自由理念的我们，却大多停留在了长辈们创造的物质精神生活的基础上，不思进取，很多时候疲于遵循规定，忧于完善制度，忙于随波逐流。

所以，我们要对国家负责，对社会负责，先要对自己那被束缚的心灵负责，先要打开传统观念对自由平等的枷锁，去寻求内心的释放，做真正的自己。人生而平等这句话表达的不仅仅是一个社会地位问题，也是一个精神自由，民主诉求的实质是摆脱思想束缚，来获得精神平等。

能不能以高度的责任心自觉履行自己应当承担的责任和义务，真正做到"己所不欲，勿施于人"，是一个人是否具有高尚品德的重要标志。那种"先天下之忧而忧，后天下之乐而乐"的奉献情怀，既表现了一个人强烈的责任心，又反映了高尚的人格。精神的力量是不可估量的，而责任感则是精神力量中那道难以掩饰的光芒。责任的存在，是上天留给世人的一种考验，许多人通不过这场考验，面对责任胆怯了，退缩了，逃避了。但更多的人选择担起这份责任，戴上通向坦途的荆冠。退缩的人随着时间消逝，无声无息；勇敢承担责任的人纵使也会消逝，但他们仍然"活着"，身形俱灭也仍然"活着"，因为精神，他们的痕迹永不磨灭。责任心就是一种担当，一种约束，一种动力，一种魅力。责任心能使你实现自己的承诺，责任心能使你正视困难勇往直前，责任心使你得到别人的尊重，塑造高尚人格。现在的我们或许做不到惊天动地，但我们可以不断完善自己，对自己负责，成就一个又一个自由而真实的个体。只有对自己负责，才能对"小家"负责，对"大家"负责，才能肩负社会责任，成就自我造福社会，为祖国为人民贡献力量。那样，或许不知不觉间，代表真善美的光荣责任感不光融入了我们的血液，也将成为永远不可磨灭的伟大中华的民族人格。

# 第二节　生命将平凡化为非凡

我们经常能听到这样的感叹：我生不逢时，没赶上英雄时代，要不我也会扬名天下！还有这样的抱怨：我时运不佳，没摊上一个好岗位，否则咱也能露露脸！是啊，我们生活在这个和平年代，从事的大多是普通的工作，所在的多是平凡的岗位。即便如此，就可以变得碌碌无为、消极度日了吗？答案当然是否定的。因为伟大正寓于平凡之中，在平凡的岗位上工作，一样能够走向不平凡，一样能高扬起精神的风帆，一样能够凭借着自己的力量，为我们的生活做出应有的努力。

泰戈尔说："花的事业是甜蜜的，果的事业是珍贵的，而叶总是默默地垂着绿荫。"当人们把赞美和桂冠献给那些历经诸多磨难、终于站到金字塔尖的人杰时，这些平凡的人，正默默地用自己瘦弱的身躯承受着大山的重负，用他们并不起眼的工作，成就着花的绚丽、果的辉煌，用他们炙热的心深爱着这灿烂的红色事业！所以说，面对新机遇、新挑战，让我们意气风发投身到无私奉献、爱岗敬业的大潮中，携手共进，一年一个台阶，一步一个辉煌，用孜孜不倦的努力诠释对生活的无比热爱；用强烈的事业心和责任感表现出我们年轻一代的骄傲与自豪；用进取和奉献之笔谱写一曲曲优美感人的青春之歌！

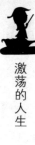

# 人生而自由，却易困于枷锁之中

有这么一个故事，说在一座遥远的大山下有一个穷困的村落，人称"苦人村"。村子资源贫瘠，村中人虽然勤劳努力，却始终过着穷苦艰难的生活。"苦人村"的核心人物是一个类似于巫师的存在，村中人皆尊称其为"阿爷"。阿爷作为神的使者向村人传达"神训"，每一条神训都会成为苦人村人不可违背的行为准则。世代更迭，几乎每一代阿爷都会向村人重复一条古已有的神训，大意是：神带我们来这里，这唯一的生存之地；只有世代在此劳作，才能得到血脉的延续；胆敢迈出神佑之地者，必将殒命于荒漠的无边魔力。

不知是从多久以前开始，神训成了村中人人背负的无形十字架，溶进了血液、刻入了骨髓，在每一段难熬的日子里，金灿灿地闪耀在村人的脑海里。不知道在遥远的过去是否还能有人曾试图挑战神训走出苦人村，至少在可以回顾的一个多世纪以来，它那仿佛不可磨灭与诋毁的力量，真的让全村人安安分分守着这片贫瘠的土地，没有人敢迈出外出闯荡的第一步。

尽管面黄肌瘦、食不果腹是生活的常态，但能够生存，他们便认为这是神训对他们的指引与佑助，并对此心怀感激。

突然有一天，一个外来的旅行者误打误撞地闯进了这个苦人村。他惊异于这个村子的原始、落后和贫穷，村中人也惊异于他来自村外却仍然存活（且外表看起来比他们存活得更好）的事实。一部分村人甚至在一开始把他当成上神派来帮助他们的神使或上神本身，而蹒跚而来的阿爷却高呼他是魔鬼的化身，命令大伙儿将他烧死。

旅行者最终靠着自己的机智逃出了村子，那些抱着牺牲自己也要除去魔鬼的人，决心走出村子。这个决心却让他们所看到了震惊得失去了语言与力气的情景：山的另一面，一条小河蜿蜒而过，那一片生机盎然的绿地下，是他们做梦都不敢奢望的肥沃土地。

不知道还需要多长的时间，他们才能够醒悟，"神"跟他们开了一个苦涩的玩笑；也不知道需要多长时间，他们才能走出"苦人村"，建立"幸福村"。


也许，苦人村的"神训"来源于某种蒙昧的意识，又或许它真的曾经产生过基于种族保护的本能，但随着时间的流逝，村子外的世界已经是沧海桑田，苦人村仍是那副干枯瘦小的面貌。在村里人看来不可跨越的通往幸福的梦想，其实就是近在眼前的距离。他们的画地为牢让自己跟幸福上演了一段让人啼笑皆非的名为"擦肩而过"的悲剧，这不得不让人感叹人类给自己设置的精神牢笼的强大和坚固。

# 有人故步自封，就有人勇往直前

《史记·李斯列传》记载，秦朝的丞相李斯，本是楚国上蔡人，年轻时曾在郡里担任小吏，地位不高，但日子过得也算是平淡。有一天，李斯走进粮仓外的一个厕所，看到厕所里的老鼠又瘦又小，毛色黯然，每逢有人或者狗走近都会仓皇逃窜；当李斯走进粮仓，却见粮仓内的老鼠吃着粟米，皮毛油亮，根本不怕人的惊扰。他不禁感叹人生就像这鼠，所处的环境对人的生存和发展有着至关重要的作用。为了不做"厕中之鼠"，李斯决定奋斗不止，他离开了无法施展才华的楚国，西行至有无限希望的秦国，并牢牢抓住每一次晋升的机会，最终位至丞相，为秦始皇统一和管理天下立下了汗马功劳。

在李斯离开楚国前，曾向老师荀子辞行。他说："据说一个人有了机遇，一定不能因自己的松懈怠惰而错过。现今各诸侯国相争，秦王想一掌天下，正是平民出身的人一展才华的大好时机。倘若一个人地位卑贱却不想着主动改变，只等着现成的肉掉下来，那就只是披着人皮的动物而已。卑贱是最大的耻辱，贫穷是最大的悲哀，长期处在卑贱贫穷之中，就去仇视社会，然后做出与世无争的样子，这实在不是有志之人的所想所为啊。"

这是李斯对他那段辉煌灿烂人生的最好诠释。当一个人不再甘于低贱时，那么，向上的机遇便已悄然降临。当自身实现幸福的可能被所处环境掐住了脖子不能自由成长的时候，那就去挣脱限制，去进入甚至创造新的环境让自己大口呼吸。人的一生有无限可能，很多时候，一个念头就能造就一场人生大翻盘。不做牢笼困住自己，就没有什么能阻挡我们通往幸福的脚步。

## 换个角度，你就是赢家

快乐是自己给自己的。倘若能换一种角度想问题，不但能让自己快乐，也能改变自己的命运。评价一份工作的好坏，在工作岗位上愉快与否是至关重要的一项指标。没有好的心情，很难谈得上工作效率与成绩，整天的烦恼就让你受不了了。这种观点早已得到专家的广泛认同。现实中总有这么一种人，不管占多大便宜都不会脸红，而吃一点亏就无法忍受。这样的人的快乐是不会长久的，因为得不到便宜而苦恼，阳光怎么会总照在一个人的身上呢？日出日落，潮涨潮退，快乐和不快乐也是相互转换的。真正的快乐以开阔的胸襟为前提，当你的心胸开阔到能容得下天地山川的时候，你还会有不快乐吗？

"无道人之短，无说己之长。施人慎勿念，受施慎勿忘。"倘若在与人交往、工作、生活中都能保持心理平衡，保持平静心态，那么快乐便不会离开你的左右。谨记：快乐不是靠别人施舍的，是自己给自己的，关键看你怎样去看待现实。现实生活中，人们常自以为做到怎样才是最好、最恰当，却常常事与愿违，让人手足无措。因为你所谓的标准未必是社会和大家的标准。你必须明白：目前，你所拥有的，都是最好的安排，无论顺境还是逆境。这不是命运，而是现实。什么事情都没有十全十美的，马斯洛曾说：心若改变，你的态度也会跟着改变；态度改变，你的习惯跟着改变；习惯改变，你的性格跟着改变；性格改变，你的人生跟着改变。倘若你能拥有一颗平常心，时刻保持积极乐观且向上的态度，跳出世俗的圈子看问题，那些不快和苦难就能给你带来意外的生存发展的机会，带你进入一个新天地。

## 握紧拳头，世界就在你的手心里

有这样一个传说：古时候，一位老富翁在即将离开这个世界时，担心自己辛苦积累下的巨额财富不但不能给后代带来任何好处，反而还会害了儿子。他向儿子讲述了自己白手起家的创业经历，希望儿子不要躺在父辈留下的财富上去享清福或肆意浪费，要靠自己的拼搏，努力创造出比父辈更了不起的基业。他让儿子进山去寻找一种叫"沉香"的宝物。

儿子深受感动，决定一个人进山去寻宝。他跋山涉水，历尽千辛万苦，最后终于在一片森林中发现了一种能散发出浓郁香气的树。这种树放在水里能沉到水底，不像其他的树那样浮在水面上。他认定自己找到了父亲所说的宝物，于是把砍下的香木运到市场上去卖，可是无人问津。他深感苦恼，抱怨世人没有眼光，不识宝物。可当当他看到邻近摊位上的木炭总是很快就能卖完时，他就改变了自己的初衷，决定将这种香木也烧成木炭来卖，结果他的木炭也和其他的木炭一样很快就被兜售一空，他十分高兴，自己挣到了一笔钱，于是就迫不及待地回家告诉老父亲。老父听了事情的经过，竟然老泪纵横。他告诉儿子，沉香木不是普通的木材，普通木材是不能与之相比的。它的作用不能等同于木炭，只要切下一块磨成粉末，就远远超过了一整车木炭的价值。

每一个人，都有一些属于自己的"沉香"，即自己的优势。但世人往往不懂得它的珍贵，反而对别人手中的木炭羡慕不已，岂不愚蠢透顶吗？这样做的结果只能让世俗的尘埃蒙蔽了自己智慧的双眼。赶上一个充满竞争机遇的时代是我们的幸运，只要攥紧拳头，世界就握在你的手里。

适者生存、优胜劣汰的规则在每个人身上、每个行业中都淋漓尽致地体现着。失败是现实，也是痛苦的。当失败真正来临时，有的人表现出超凡的冷静与自信，有的人却表现出极度的忧虑与恐惧。后者把失败看成了固有的发展态势，因此会阻碍他日后前进的脚步。失败预示着挫折、逆境，却也是重塑自我的一种洗礼，它会让强者愈强，勇者无惧。比尔·盖茨曾经说过："我们都坚信自己的信念，并且对这一行业拥有激情。"在任何奇迹的背后，都需要一个伟大的信念来支持，而这个信念的动力，就是热情的火焰。也许你不知道自己会发展到哪一步，最终能成就什么，但是不要怀疑自己，努力去做，成功就会向你款款走来。

美国文学家爱默生曾说过：人如果没有热情是干不成大事业的。大诗人乌尔曼也说过：年年岁岁只在你的额上留下皱纹，但你在生活中如果缺少热情，你的心灵就将布满皱纹了。和朋友们相聚在一起发牢骚是处于低潮时最常见的现象，但这丝毫解决不了任何问题，与其这样，还不如打起精神来做点自己喜欢的事情。

# 多一点儿行动，少一点儿借口

寻找借口是最具破坏性、最危险的恶习惯，它会让你丧失了主动性和进取心，也会让你在寻找借口的过程中荒废了事业。把事情"太困难、太耗力、太费时"等种种借口合理化，不仅使你一事无成，还会让你失去生活的乐趣。找到借口的唯一好处就是能在心理上得到短暂的平衡，可是，自己的过失却丝毫无法掩盖掉。长此下去，就会因寻找各种各样的借口而变得懒惰，不再有进取心，也不会想方设法争取成功。而且一旦有了借口做盾牌，遇到困难，就会陷入困惑，不仅找不到出路，连掩盖错误的能力都没有了。

歌德说："把握住现在的瞬间，从现在开始做起。"只有勇敢的人身上才会发现天才、能力和魅力，只要做下去就好，在做的过程中，你的心态就会越来越成熟。所以行动，赶快行动。

# 第三节　一切准备皆是为了 提高生命的质量

## 相信梦想

人类因梦想而伟大。梦想绝不是梦，只要能坚持，就能成为现实。梦想改变着现实，它永远是现在式。人总是为自己相信的事情奋斗，相信远方有自己期待的东西才会向着远方迈步。

关于古希腊哲学家、数学家、物理学家阿基米德，曾有这么一个小故事：很久以前，在一片空旷的大地上，有一个人在练倒立。一个路人经过此地，大为不解，问他："你在干什么？"这个人骄傲地说："当我倒立的时候，宇宙惊呆了，他还认为是我举起了地球呢。"路人听了大笑不止，用一种看疯子的眼神看他，说："人怎么可能举起地球呢？简直不自量力。"随即摇摇头便走开了。这个人却毫不在意，继续他那在别人看来不可理喻的"举地球"行动。这个人就是后来发现了杠杆原理的阿基米德。

阿基米德还在亚历山大城求学的时候，就对机械研究产生了浓厚的兴趣。当时，他从当地农民提水所用的器具和奴隶们撬石头时所用的撬棍中得到了启发，总结了杠杆的实际应用情况，并且还运用几何学进行严密的逻辑论证，最终得出了杠杆原理，还在《论平面图形的平衡》一书中首次明确提出了这一理论。

　　除了进行理论性的研究，阿基米德还利用杠杆原理进行了一系列的发明创造，将理论充分运用到了实践中，给当时的人们甚至是现如今的我们带来了莫大的惊诧和莫大的便利。据说，他定居的小国——叙拉古受到罗马大军威胁，阿基米德利用杠杆和滑轮，制造了各种攻击距离不同的投石器和能将敌人的海船拉离海面的器械组，凭借着科学的头脑和敢想敢做的劲头力挽狂澜，将当时国力强盛、气焰嚣张的罗马人拒于城外三年之久。这位"力学之父"曾自豪地说过："只要给我一根足够长的杠杆，再加上一个位置合适的支点，我就可以撬起整个地球。"而他的人生支点，正是从那颗一开始就敢于看向远方、相信远方并努力靠近远方的心。


　　如果你问幸福在哪里，大多数人的回答也许是：幸福在远方。可是"远方"这一词，它代表着遥远、困难、长久以及不确定。很多人迟迟不肯迈出追求幸福的脚步，即使对幸福的渴求是人与生俱来的本能。长此以往，也就耗光了心中燃烧的热情，把自己缚成了一只无法化蝶的蛹。

　　有一些人，因为曾经的几次挫败，便认定自己是沧海里的一粟，异常渺小，没有能力追求心中可望而不可即的幸福理想，还自我安慰似的"谦称"自己为"无能为力者"。也许是上天怜悯，于是决定给予他帮助，将一件他力所能及的事情摆在了他的面前。倘若他抓住了这次机会，那么就有可能重新步入正轨。但是，一旦你湮没了到达幸福彼岸的信念且长期地进行自我否定，就会导致一事无成，放任机遇从身边溜走。

"石油大王"洛克菲勒有句名言："即使你们把我身上的衣服扒得精光，一个子儿也不剩，然后把我扔在撒哈拉沙漠的中心地带，但只要给我一点时间，并且让一支商队从我身边经过，那要不了多久，我就会成为一个新的亿万富翁。"

"酒店大王"希尔顿也说过类似的话："当我贫困潦倒到必须睡在公园的长板凳上时，我就知道自己今后会成功。因为一旦一个人下定决心要功成名就时，就表示他已经向成功迈出了第一步。"

从心底里认可远方的存在才是寻梦之旅的真正出发点。面对如此沉重得仿佛撬不动的幸福，我们每个人都需要用一颗相信梦想的心作为支点，以实际的行动作杠杆，撬起理想，惊诧于这始终期待奇迹的世界。

# 正确认识自己的价值

一个人要了解自己到什么程度才算有了真正的认知？

在很多年以前，有一段钢铁被遗忘在了荒原上，它曾经在一艘海船上做管道。许多年之后，一棵大树干枯倒下，横卧在了钢铁旁边。钢铁时常向枯木提起自己的价值，谈它在海上的无限风光。而枯木却时常叹息逢春难再发，青春不再来。钢铁时常表现自己的毅力，并坚信着一旦才能被发现，必将重返海洋的怀抱，大展宏图。可枯木却经常默然无语，认为自己已经过了有梦的阶段，即使有也不会成真。钢铁鼓励枯木："一定要坚强起来，柔柔弱弱只会变得没有重量。"枯木却低迷地应和着："我如果有你一半的坚强、一半的重量，那我就不再是枯木，而是钢铁了。但这可能实现吗？事实是不可能的。"钢铁在和枯木的对比之下，便进一步推测自己的价值应该胜于一切。枯木则认为自己已经腐朽，价值也许会低于一切。

突然有一天，天降暴雨，一只浑身湿透的小松鼠仓皇地奔来，想借钢铁中空的内腹来暂时躲避风雨。可是，钢铁冷酷无情地拒绝了，并告诉松鼠："我有着超出万物的价值，怎么能用来挡雨？助人远航才是我应该做的事。"枯木虽不忍心看到曾经照顾自己的朋友失望离去，却无奈于已经失去茂密的树冠和挺拔的身形，变得越发自惭形秽起来。

事实上，钢铁在历经多年的风吹雨打后，早已变得暗淡无光。终日的自我欣赏也只不过是为了维护自己自尊，以便提醒自己那早已远离远航船队的事实。枯木本可化为大地的养料，也许经历千万年的演化也有成为蕴蓄能量的煤的可能性，但它只注意到了自己眼前的倒伏衰败。它们的过分骄傲和过分自卑都是源于不曾完整地看待过生命和自己。

忽然有一天，一条蛇经过此地。钢铁正想向这难得的路人吹嘘自己的价值，蛇抢先一步，急切地说道："听说您曾在海上航行，一定有御水之能，山洪快要爆发了，请救我一命！"听到这，钢铁内心一阵窃喜，觉得终于到了自己大展宏图的时候了，于是发下豪言壮语："义不容辞！"见枯木在旁边，便对蛇说："枯木伴我多年，虽然没什么功勋，也微不足道，但总归是我的挚友，我们把它一起带上吧。"

于是，蛇用身体把钢铁和枯木紧紧地缠绕在一起。转瞬间，山洪遍野，蛇、钢铁、枯木都浮在了水面上。蛇顿时感到身体有如千钧之重，心里怪枯木累赘，但为了信守诺言，只有死命地收紧身体。

在山洪退去后，蛇已经是遍体鳞伤。枯木万分过意不去，对蛇感激不尽。蛇说："钢铁才是我们的救命恩人。"对钢铁千恩万谢之后，方才蜿蜒而去。枯木对钢铁又是一阵诚恳道谢。面对如此的赞誉，钢铁也心安理得地受了。

至此，一片本就不甚分明的黑白色已经被几个糊涂角色搅成了一团稀泥。明明是枯木拯救了蛇和钢铁，却还要反过来答谢蛇和钢铁的救命之恩；钢铁和枯木对自身的认识本来就有很大的偏差，蛇这个不明情况的路人再来加一把力，真相偏离轨道就更远了。

人生也是如此。正确认识自己的价值不是件容易的事，倘若忽略了自身的价值，那么就可能一事无成；若是错认了自己的价值，就有可能在歪道上越走越远；倘若是再轻易地受到他人的影响，就更看不清自己的面貌了。很多时候，我们不是没有与幸福邂逅的机遇，而是我们没有找到潜藏在自己身上的那股能够抓取幸福的力量。所以，对一个想要走向幸福新生活的人来说，向内的审视比向外的观察更为重要。

　　春光明媚，万物复苏。一个卵静静地躺卧在柔软的嫩草上，不胜惬意。它不知道自己从何处来，也不知道自己的父母是谁，只听小草告诉自己："你是一个卵。"在草地中央有一块土石，整日一副威风八面的模样。但有一件事令土石觉得威严扫地：那弱不禁风的小草居然能从自己的脚下长出来，像是要把自己掀翻在地一样，真是让人恼火不堪。更可气的是，人们将此大肆渲染，使其变为美谈，把小草吹嘘成了以弱胜强的典型、百折不挠的象征。想到这里，土石只觉一腔怒火无处发泄。微风轻轻地吹过，小草斜靠在石背上。土石暴怒，喊道："不要靠着我，有本事就自己站着！"小草不悦，风停时立起了身子，看都懒得看土石一眼。土石看见小草不予理睬，正觉得下不来台时，远远看见躺在草地中的卵，便挑衅道："你敢不敢来碰我？"初生牛犊不怕虎，卵不禁激，当下就回过去一句："碰就碰！"说完便要冲上去。土石一阵窃喜：正中我计。却见众小草急忙拽住卵，七嘴八舌地劝它不要鲁莽行事，并跟它讲了"以卵击石"的道理。卵平静下来，问："卵真的不如石头硬？"小草们点头都称是。卵感激不尽地说："救命之恩，永生不忘。"一群小孩儿越来越近的嬉笑声将草地上一时的寂静给打破了。其中一个孩子看到地上的卵，异常欢喜地捡了起来，兴奋地说："看！我捡到一个蛋。"其他孩子羡慕地围了过来，凑近一看才发现，那只是一颗鹅卵石。失望的小孩儿将鹅卵石顺手扔了出去……只见鹅卵石恰好撞上了土石，土石顿时裂为两半。

我们每个人都有自己独特的价值，只是这价值需要一个被发现的过程。倘若不懂得去发现、评定、运用自己的价值，只偷懒地用主流价值观给自己轻率地定位，甚至是毫无立场地任人去评判，轻易地影响自己，那最终也到达不了大多数人所认为的"幸福彼岸"，也体会不到真正的幸福，因为那"幸福"跟你真实的心跳不在同一个频率。

一个湖泊中，有一条鱼与一株水草。一天，在一场关于水中枯燥生活的讨论中，鱼对水草说："你看我有鼻孔，有肺，还有鱼鳍，不但会游泳，还可以爬行，我想我一定可以游到陆地上去。"那时的陆地还是一片神秘的存在，水中的生物们虽对它充满好奇，却没有谁敢真正去看一眼。所以，水草理所当然地对鱼的"异想天开"嗤之以鼻："不要胡言乱语了，去了陆地你怎么生存？水可是我们生命延续的保障。"

鱼反驳道："可是我好像真的有这个能力啊，不用不是太浪费了？我们太依赖水了，我讨厌这种感觉。"

水草不再理鱼了。可这个想法却如急流勇退的洪水，在鱼的脑海里翻江倒海，来势迅猛，冲击着鱼的大脑。

然后，湖泊里的生物都听说了一个天大的"笑话"：一条鱼正在试图游到陆地上去。大家笑过之后很快又被新的事物吸引了注意力，只有笑话背后的那条傻鱼还在努力尝试去实现它的梦。

忽然有一天，水下世界因为一个惊人的消息沸腾了：那条鱼真的到陆地上去了！这时大家才开始反思，自己是不是一直都错认了什么。几万年过去了，几百万年过去了，几千万年过去了……陆地上的植物越来越繁杂：有苔藓植物，有蕨类植物，有裸子植物，有被子植物……陆地上的动物也越来越多样：有两栖类，有爬行类，有鸟类，有哺乳类……但是大家都不知道，曾经有一条敢于登上陆地的鱼，它的名字叫总鳍鱼。

总鳍鱼最早发现于泥盆纪时期，具有"肺"的它们曾经尝试登陆，并成功抵达。总鳍鱼的肢骨构架和两栖类极为类似，很多研究人员都比较倾向于认为两栖动物是由古总鳍鱼类进化而来的。这么说来，总鳍鱼是所有陆生脊椎动物的祖先。

为了适应环境，我们得以生存；为了生存，我们更要创造环境。宇宙不会藐视我们每一个人，但也绝不会关注每一个人。每一个人都有自己的能力，但要发挥这些能力才能去创造属于自己的幸福，我们首先需要了解自身能力的存在，并且尊重它的存在。没有人的价值为零基础，但若是刻意忽略自己的价值，把自己当成没有存在感的零来生活的话，那无论命运给你多少次机遇，结果还是显而易见的为零。

拿破仑·希尔曾说过："信心加上愿望，任何理想都可以成为现实。"两个原有着同等能力的人，前一个人认为自己连百里也到达不了，而后一个人则认为自己可以远行万里。结果就是，前一个人的能力不足百里，而后一个人的能力则超越万里，这就是自信的力量。我们在很多时候，不是因为无以成事才失去了信心，而是我们根本是因为缺乏信心才无以成事。

# 第四节　化解烦恼，取悦生命

## 快乐是生命的本质

生命是什么？或许问一万个人就会有一万个答案。这些答案因人而异，大家各说其是。在生活的历练中，人们开始相信这样的答案—生命的本质在于快乐。

西方有句谚语："同一件事，想开了是天堂，想不开就是地狱。"快乐和个人的思维方式有直接的关系。每个人看待他人、观察事物的角度和思维方法都大不相同，有些人看得透彻、想得开，而有些人却心门紧锁，作茧自缚。

万事开头难，不论怎样的不顺心，也要想得开，看得开，放得开，这样快乐才会来敲门。积极的思维方式是智慧的源泉，也是使人类生命快乐莫大的转化力。有些人善于正面思考，用理智思维拯救快乐，从悲戚中寻找喜悦，这是一种值得称道的生活态度，也是乐观向上的豁达心态。洞悉心灵之门，什么都会看得清、看得淡，也就心安理得、无所畏惧了，这样人活着才会享受快乐。所以获得快乐的重点在于提高生活的质量。凡事多往好处想，面对挫折，停下来，静下心来反省，在失败中得到了自我锻炼，将一时失利转化为积极向上的动力，这样怎么还会不快乐呢？

把自己装在孤独套子里的不是别人，恰恰是自己，是自己给自己套上了心灵的枷锁。也许你并不缺少成就，只是太过攀比而已；也许你并不缺少美丽，只是不够自信而已；也许生活并不缺少喜悦，只是你胸襟不够开阔而已；也许人生并不缺少机会，只是你并不懂得取舍进退而已……让我们抛下烦恼，沐浴阳光下，让和煦的阳光照进心灵中，让心里的枷锁获得解脱，这样才能做一个轻松快乐的人。

一般说来，人生在世不如意之事十有八九。稍有些不如意就长吁短叹，妄自菲薄，甚至是"想不开"。造成心结的诱因无非是感情破裂、家庭矛盾、事业失败、人际失和……追根究底起来还是在自己看待世界的方式、方法上，心里的症结通常是把不合理的信念当作了思考的主体或参照。过于追求完美，期望值过高，这是快乐的大敌。

某个著名认知治疗师把常见的"想不开"心理概括为三种：想多了一

通常是以偏概全，往往因为揪住一点纰漏就否定全局，牵一发而动全身，得不偿失；想少了—也就是俗话说的一根筋，什么事情都认为非黑即白，没有任何回旋的余地，过分苛刻地划定所谓的原则；想坏了—事情大多有两面性，但往往更多的情况下我们只是想到了最糟糕的一面。这里的破解之法就在于：凡事要多往好处想，积极面对。想多了的人要从细节入手，努力去寻找证据驳倒自己不合理的信念；想少了的人要不断反省自己，总结经验教训，打开自己的眼界，结果其实还有诸多其他的可能性的；想坏了的人要去寻找事物的积极面，用乐观的心态笑对人生中不平坦的事。

　　有个很经典的故事：从前有个忧思过度的老婆婆，她的大儿子卖伞，小儿子晒盐。于是，晴天的时候，老婆婆就开始为大儿子发愁，雨天又开始为小儿子发愁，以至于老婆婆每天都高兴不起来。经过聪明人的点拨后，老太太终于幡然醒悟了：雨天好卖伞，晴天好晒盐，这样两个儿子的生意就都不用发愁了，老婆婆从此快乐了起来。

　　同样的一个问题，只是换了一个思考问题的角度，就产生了两种完全不同的心境，演变成两种截然相反的结局。可见，心念—思维方法决定了快乐与否。

　　人生的阅历不同，思维方式也有明显差异。人在不同的年龄阶段，对人生、社会的看法也会不尽相同。随着岁月的流逝，人们在碰撞中、磨砺中，在不断审视、修正人生的过程中，迈过了无数的门槛，才进入了更高的思想境界，所以人到中年的时候大多都看得开、悟得透，也就是应了那句"四十而不惑"。人生苦短，生活不必太过计较得失与进退，少些欲望，也就少些失望，多些满足，就多些快乐。

以方做事，以圆做人；大智若愚，难得糊涂……这些都是智慧的法门。退一步海阔天空，要学习生活的智慧，忍让也是一种境界。把简单的事情复杂化，你就会想不开；把复杂的事情简单化，你就举重犹轻，心情愉快。日常生活中，不要因为一些鸡毛蒜皮、蝇头小利的事情烦恼，有些事强求不得，顺其自然最好。不要把生活搞得太复杂，摒弃生活中多余的烦恼，简简单单不是低档次，简单平凡就是快乐。要像白云一样自由自在，时刻放飞自己的心情，学会让心灵休息。快乐和个人的品格有直接的关系。做人要豁达、开朗、乐观、大度，自在其中。伟人丘吉尔遇事就处变不惊、随遇而安，他曾经说过："如果有地方坐，我绝不站着；如果有地方躺着，我决不坐着。"中国改革开放的功臣邓小平，一生命运多舛，几经沉浮，可他依然很乐观、豁达，烟、酒、牌这样的消遣游戏样样在行，他的名言是"天垮下来有高个撑起"。张学良大半生都身陷囹圄，但依然坦然面对，我行我素，自由自在。

做事看得开，宽容大度，这是最大的智慧，有句话说得好："海纳百川，有容乃大。"放下就是最大的快乐，放弃也是人生的一大智慧，一种美丽，丢下肩上、心里的包袱，不为外物所累，忘掉不该记住的事情，因为放不下，所以才会有烦恼。切莫瞻前顾后，脚踏实地才有实现梦想的可能性。随遇而安，自得其乐，不要为明天还未发生的事情杞人忧天。

很大程度上，生活的喜怒哀乐往往是我们自己创造的。每一颗心灵都会给自己创造一个小天地。喜悦的心灵会让整个小世界充满欢乐，不知足的心灵会让整个小天地充满哀愁。"我的心灵对我来说就是一个王国"，这句话适用于一个君王，同样也适用于一个农夫。一个人可能是他心灵的国王，同样也有可能是他心灵的奴仆。生活在很大程度上都是一面映射我们的镜子。我们的心灵不论在任何情境下、在任何财富状况下，都会反映出自己的真实个性。对乐观的人来说，世界都是美好的；对消极的人来说，世界都是腐败的。

有这样一则小故事：在一个大花园里有一间小屋，里面住着一个盲人，他把所有的时间都花在了照料这个花园上，虽然他的眼睛看不见，但是他把花园侍弄得非常好。一年四季，花园里总是一片姹紫嫣红。

一个过路人惊奇地观赏着这个漂亮的花园，不解地问盲人："你这样做的目的是什么呢？你根本就看不见这些漂亮的花呀？"

盲人笑了起来，他说："我可以告诉你四个理由：第一，我非常喜欢园艺工作；第二，我可以经常抚摸我的花；第三，我可以经常闻到它们的香味；至于第四个理由，就是因为你！"

"我？可是你根本不认识我呀？"路人说。

"是的，我是不认识你。但是我知道还会有更多像你一样的人会在某个时间从这儿经过，这些人会因为看到美丽的花园而变得心情愉快，而我也因为有机会和路过这里的你在这里聊天变得心情愉悦。"

从某种意义上讲，每个生命都不是盲目的。世界给我们每个人一块心灵空地，让我们悉心照料。有些人在上面种了粮食，于是有了温饱的满足感；有些人在上面种上了云彩，于是有了诗情画意的期待；有些人任凭空地荒芜，于是有了无谓的烦恼和恼怒；有些人就像故事中的盲人一样，把空地变成了人间的花园，于是有了比侍弄花园更好的理由，从而有了被倾听的快慰，有了化解他人惊异的欢欣，有了昭示生命、阐释生命的美好机缘。


# 把你梦想的喜悦交给自己


19世纪初，美国一座偏远的小镇里住着一位远近闻名的富商，富商有个19岁的儿子，名叫恩杰。

一天晚餐后，恩杰欣赏着深秋皎洁的月色。忽然，他看见窗外的街灯下站着一个和他年龄相仿的年轻人，那个人身着一件破旧的外套，清瘦的身材显得很羸弱。

恩杰走下楼去，问那青年为何要长时间地站在这里？

青年悲伤地对恩杰说："我有一个梦想，就是能够拥有一座属于自己的宁静的公寓，晚饭后便能站在窗前欣赏美妙的月色了。可是这些对我来说简直是太遥远了。"

恩杰说："那么请你告诉我，离你最近的梦想是什么呢？"

"我现在的梦想，就是能够躺在一张宽敞的床上舒服地睡上一觉。"恩杰拍了拍他的肩膀说："朋友，今天晚上我可以让你梦想成真。"于是，恩杰领着他走进了堂皇的公寓。然后把他带到自己的房间，指着那张豪华的软床说："这是我的卧室，睡在这儿，保证像天堂一样舒适。"

第二天清晨，恩杰早早就起床了。他轻轻推开自己卧室的门，却发现床上的一切都整整齐齐，分明没有人睡过。恩杰疑惑地走到花园里。他发现，那个青年人正躺在花园的一条长椅上甜甜地睡着。

恩杰叫醒了他，不解地问："你为什么睡在这里？"

年轻人笑笑说："你给我这些已经足够了，谢谢……"说完，头也不回地走了。

在30年后的某一天，恩杰突然收到一封精美的请柬，一位自称是他"30年前的朋友"的男士邀请他参加一个湖边度假村的落成庆典。

在这里，他不仅领略了眼前典雅的建筑，也见到了众多社会名流。接着，他看到了即兴发言的庄园主。

"今天，我首先感谢的就是在我成功的路上，第一个帮助我的人。他就是我30年前的朋友恩杰……"说着，他在众多人的掌声中，径直走到恩杰面前，并紧紧地拥抱他。

此时，恩杰才恍然大悟。原来眼前这位名声显赫的大亨特纳，就是 30 年前那位贫困的年轻人。

　　酒会上，那位名叫特纳的"青年"对恩杰说："当你把我带进寝室的时候，我真不敢相信梦想就在眼前。那一瞬间，我突然明白，那张床不属于我，这样得来的梦想是短暂的。我应该远离它，我要把自己的梦想交给自己，去寻找真正属于我的那张床！现在我终于找到了。"


　　我们不能说生命是什么，只能说生命像什么。生命就像那一丛丛的野草，"野火烧不尽，春风吹又生。"无数生命都像野草一样平凡而伟大，坚强而脆弱。生活虽然艰苦，工作虽然繁重，但是，只要有健康的身体，你就仍然有无穷快乐。客观存在的事物，倘若你不用心去感受它，它就不会为你所拥有，健康也是这样。同样是上下班，吃早饭，跑步，爬山……有些人能从中感受到快乐—生活的快乐，生命的快乐，而有些人则往往对此熟视无睹，对于这些惯常的琐事，他们不是麻木就是埋怨，这样的人，怎么会活得快乐呢？须知，生活不是用来抱怨的，生命也不是用来哀叹的，上天赐予我们每个人仅有一次的宝贵生命是需要我们用心去感受的，感受它带给我们的点滴喜悦与温暖。

# 第五节　感恩生活，感恩生命

生命是短暂的，如白驹过隙般来去匆匆，我们谁都无法预想到，下一秒是否还存在。所以，我们更要珍爱生命，感恩生活里的每一天。生命是相互依存、相互依赖的。我们存活在这个世界上，每时每刻都享受着来自四面八方的"恩赐"。每个人自有生命的那刻起，就已经沉浸在恩惠的海洋里了。一日为师，终身为父；滴水之恩，涌泉相报。心存感恩，知足惜福，这样人与人、人与自然、人与社会才能够变得和谐、亲切，我们自身也会因此而变得快乐、健康。感谢生命给予我们的一切。

倘若我们总感觉别人的付出是应尽的义务，而从来不曾想到要回馈给别人和社会曾经给予你的一切，那么，这样的人心里只会产生过多的抱怨，不会开心地生活。有位哲学家说过："世界上最大的悲剧或不幸，就是一个人大言不惭地说，没有人给我任何东西。"心存感恩的人，才会收获更多的生活快乐和人生幸福，这样才会渐渐地摒弃没有意义的怨天尤人。心存感恩的人，才会活力无限，睿智豁达，万事顺利，远离忧愁。生活中，在顺风顺水的时候，多想着逆境奋斗的人；在无忧无愁的日子里，多想着拮据困窘的人。只有内心充满感恩、仁慈、同情、豁达等，才能实现"人人爱我、我爱人人"的幸福生活的境界。人们常说：

"施恩于人共分享。""送人玫瑰，手留余香。"人生存在这个世上，就要学会分享给予，养成互爱互助的品行。给予的越多，人生收获的就越丰富；奉献的越多，生命意义也就越大。

人的一生，会得到无数人的帮助。老师的教诲、父母的养育、配偶的关心、朋友的帮助、大自然的馈赠和时代的赋予。这些，在我们成长的每一步里，都会有人进行提点，我们生活的每一天里，都会得到他人的帮助。正是因为这样，让我们彼此度过了一个又一个的难关，一步一步走向了成功，创造并享受着美好的生活。

每一天的太阳都是新的，仰望着湛蓝的天空，呼吸着新鲜的空气，沐浴着灿烂的阳光，享受着美好的生活，对于这些生活给予我们的"财富"，我们还有什么理由选择不快乐呢？所以，常怀感恩之心，在漫漫人生路上，我们并不会感到孤独！

# 千万以上的资产

一个年轻人整日里抱怨自己一无所有，一位经过这里的哲人对年轻人说："我现在给你一千元，剁掉你一个手指头，干不干？"

年轻人听后摇了摇头。

哲人说："那我给你五万元，砍掉你的一条手臂，怎么样？"

年轻人听后还是摇了摇头。哲人接着说："我再给十万元，剁掉你一只眼睛，如何？"

年轻人听后摇头摇得更厉害了。

哲人又说："现在我出一千万，买你的性命，如何？"

年轻人听后立刻大叫了起来："我死都死了，还要那一千万来做什么呢？"

哲人说："不同意是吧，这也就是说，你已经拥有了上千万以上的资产，可是你为什么不好好珍惜呢？"

年轻人愣了一会儿，深深地给哲人鞠了一躬，昂首挺胸地向前走了。

是谁说我们一无所有？我们每个人都拥有上千万的资产，我们都拥有无可比拟的宝贵生命，相对而言，生活中的那点苦又算得了什么呢？埋头工作受苦受累又算得了什么呢？咬紧牙关坚持到最后的困难又算得了什么呢？这些，在宝贵的生命面前都显得微不足道，所以，我们也应该像故事中的年轻人一样深深地给哲人鞠一躬，昂首挺胸向前走。

# 心中的冰点

约翰是一家铁路公司的售票员，他工作的时候相当认真，做事也很负责尽职，只是，他有一个致命的缺点，就是对人生充满了悲观，常常以否定的眼光去看待这个世界。

有一天，铁路公司的员工都赶着去给老板过生日，大家都急急忙忙地提前走了。不凑巧的是，约翰竟然不小心被关在一辆冰柜车里了。约翰在冰柜车里拼命地敲打着，疯狂地叫喊着，可是，全公司的人都走了，这会儿根本就没有人能听得到。约翰把手都敲肿了，嗓子也喊哑了，可是外面还是一点声音都没有。

约翰只好绝望地坐在车厢板上大口地喘着粗气。约翰怕极了，因为他知道，这冰柜车的温度通常是在20度以下，自己现在出不去，一定会被冻死。到目前为止约翰还能做的，就是趁现在自己还能动的时候，赶快写一封遗书。幸好自己的身上还有纸和笔。于是，他靠着车厢板，用颤抖的手，写起遗书来。

第二天早上，公司的职员陆陆续续地来上班了，当他们打开冰柜车的时候，才发现约翰倒在车厢里面，连忙把他送去抢救，可是，约翰已经被冻死了。大家都很诧异，因为，冰柜的冷冻开关根本就没有启动，那他怎么会被冻死呢？

生命，对我们来说是无价之宝，我们都要珍惜它，不论遇到什么样的困境，不论处于什么样的险境，我们都要坚持下去，决不轻言放弃！生命，是我们最宝贵的东西，对生命，我们要时刻常怀感恩之心，好好地活着，积极地活着，快乐地活着，让我们生命中的每一天，都变得更加有意义！

# 走在森林中的人

　　有一个人，漫步在森林中。突然，一只饥饿的老虎猛扑了上来。于是，他急忙逃跑，最后很无奈地被老虎逼到了悬崖边上。这时候他想，与其被老虎活活地咬死，还不如就这样跳下悬崖，说不定还会有一线生机呢。就这样，他毫不犹豫地纵身跳下了悬崖，非常幸运的是他被卡在了一棵长在悬崖边的梅树上。树上结满了诱人的梅子，只有一对黑白老鼠在啃着树干。他想赶走这些老鼠，可是，他办不到，身体被卡得太死了，根本动不了。

　　他正在为这事发愁，谷底却传来一声巨大的狮吼，低头一看，一只凶狠的狮子正抬头紧紧地盯着他。他知道自己是必死无疑了，想到自己真是祸不单行，刚出虎穴又入狮窝了。就在这时，他反倒清醒了：反正都是一死，还不如趁没死时好好享受一番。于是，他便采来梅子吃了个饱，接着，美美地睡起觉来。

　　故事中的"走在森林中的人"，代表的是我们的生命。我们从出生的那一刻开始，饥饿、痛苦就像老虎一样追赶着我们；死亡就像那头凶狠的狮子一样，一直在悬崖的尽头徘徊着，等待着我们；而黑夜和白昼就是那对黑白老鼠，无时无刻不在撕咬着我们暂时栖息的生命之树，这棵树是迟早要被啃咬断的，生命中最坏的结果也是唯一的结果，那就是死亡。每一个人都无法逃脱死亡，唯一的正确的做法，就是珍爱生命之树还没有被啃断的每一天，感恩生命之树还没有被啃断的每一天。

索尔仁尼琴曾经说过："生命最长久的并不是活得时间最多的人。"只要我们好好把握时间，让生活过得有意义、有价值，我们的生命就会长久。人生，就像一条奔腾不羁的河流，只有在遇到礁石才会溅起美丽的浪花。人生在世，不如意之事十有八九，难免会有失意的时候，难免会有惊涛骇浪的时候。当我们面对挫折、苦难的时候，保持一种豁达的胸襟，保持一种积极向上的态度，需要有博大的情怀和气度。所以，我们要学会在逆境中磨炼意志，在彷徨中感悟生命的意义。

挫折、困境能让一个人走向沉默，也能把一个人打造得魅力四射。生活中，我们应该学会淡化挫折带来的苦难，这才是前进的关键。巴尔扎克曾说过："挫折和不幸是天才的晋身之阶，信徒的洗礼之水，能人的无价之宝，弱者的无底深渊。"张海迪把理想编织成了花环，用来迎来生命的新绿。她的故事让我们明白：逆境中方显勇者的意志，强者才是生命的真正主宰。没有经历过坎坷泥泞的锤炼，哪里知道成功背后的喜悦；没有经历过困境的考验，哪里能够体会一帆风顺的快感……不管我们今后面对什么样的挫折，都请相信：这是上天给予我们的磨炼机会。走过去之后你就会发现你的人生会变得更加完整，你的意志会变得更加坚强，你的态度会变得更加冷静，你对周身的一切也会更加的珍惜！凝望历史的天空，面对挫折的时候，有些人选择了坚毅，有些人选择了奋起。他们用实际行动注视着生命，演绎着生命，创造着生命！在成功的背后，我们都会由衷地感恩生活，感恩生命对我们的馈赠。

人生价值的实现是以感恩和奉献作为基础的。修身、齐家、治国、平天下，每个环节都要懂得感恩、奉献。人就是要最大额度地贡献自我，生命是有限的，一个人的生命看起来似乎很长，除去我们平时工作的时间、交际的时间、学习的时间……留给自己的时间真的是所剩无几，更别提反省自己的时间了。只有感恩生命，奉献社会才能找出实际上很短暂又有风险的生命的真正意义。

对青少年来说，要想实现自己的人生价值，首先就要学会感恩，学会奉献。人生的意义就是要充实地走完自己的人生旅程，就是要有人生的目标和远大的理想并为之奋斗、为之拼搏。青少年时期，首先，要树立远大的理想，并为实现理想确定若干不同阶段的人生目标；其次，要根据自己的实际发展方向，努力学习科学文化知识和技能；最后，让学习成为自己的终身习惯，实现生命不息奋斗不止的理想。只有这样才能充实自己的人生、不断丰富自己、储备自己；只有不断学习，才能不断更新自己，让自己跟上时代的步伐；才能让自己的工作事业不断创新和提高。我们要尽最大的努力来开发自己的潜能，用最大的价值来回报社会。要让自己的才能得到最大的发挥，自我价值得到最大的体现，就要在具备条件的情况下尽可能地走向更高的社会层次。但许多时候，可能你的一生都是平凡的，这也没什么好抱怨的，只要你活得自信充实，给别人带来快乐也是回报社会的一种方式。

实现人生价值是多方面的，有时候要从不同的角度去看这个问题，在社会中把握先机努力让自己成为对社会有用的人，同时实现自己的人生价值。人是浩渺历史长河中的小小一粒沙，我们应该为有幸能够来到这个世界而自豪，为有幸能够为这个世界做过一点有益的事情而骄傲。对于历史而言，在广袤无垠的宇宙空间里，我们的生命都是短暂而微不足道的，就像偶尔划过茫茫天际的流星一样，转瞬即逝。但是不要悲伤，我们要向那些为社会奉献终身的伟人学习，以他们为榜样，带着感恩与奉献的心，即便像流星，也要让自己散发出最灿烂夺目的光芒，来照耀着这美好的人间世界！深刻体会感恩生活感恩生命的真谛。

著有《时间简史》一书的世界科学巨匠霍金曾经说过："我的手还能活动；我的大脑还能思维；我有终生追求的理想；我有爱我和我爱着的亲人与朋友；对了，我还有一颗感恩的心……"生活中，我们每个人都可能遇上困境，都需要在他人的帮助下一起渡过难关。同样的，生活也需要我们去帮助别人，需要我们感激曾经帮助过我们的人。一个常怀感恩之心的人，一定是心地坦荡，胸怀宽阔，会自觉自愿地给予他人以帮助。而那些不曾想过感恩的人，在心理上过多的是来自社会的冷漠和残酷所带来的负面影响，这样的情绪积累到一定的期限时，生活就会变成冷酷而毫无希望的沙漠。我们应该学会感激伤害过你的人，因为他们磨炼了你的心志；感激绊倒你的人，因为他强健了你的双腿；感激欺骗你的人，因为他增强了你的智慧；感激轻视你的人，因为他觉醒了你的自尊；感激抛弃你的人，因为他教会了你独立；感激失败，因为他丰富了你的阅历；感激成功，因为他铺满了你生命的黄金。

让我们常怀对生活的感恩之心，对生命抱有敬畏之情，感恩洒在我们身上的每一缕阳光，敬畏和我们同在一片天空下的每一种生命。在感恩和敬畏中去体会这个世界赋予我们的真实和美好，学会享受幸福生活。

倘若说爱是人类最崇高的情感，那么，因爱而生的感恩之心就是爱的升华。当爱成为一种鞭策，当感恩成为一种自觉，我们的生活将因此而变得更加美好，我们的生命也会因此而闪闪发光！西方有句谚语是这样说的：幸福，是有一颗感恩的心，一个健康的身体，一份称心的工作，一位深爱你的家人，一帮可以信赖的朋友。感恩是幸福之最，没有感恩之心的人是不能体会到生活中最美好的幸福的感受的。感恩是发自内心的，不是冠冕堂皇的大道理，而是需要我们付出实际行动去实践的。希望在以后的时光里，让我们用孝心回敬父母，用善心对待朋友，用真诚挽留爱情，用虔诚期盼幸福，让温暖洒满人间！